Cleo

空港《くうこう》で働《はたら》く名《めい》コンビ

検疫探知犬《けんえきたんちけん》
クレオとキャンディー

池田《いけだ》まき子《こ》／作《さく》

ハート出版

はじめに

大勢《おおぜい》の人《ひと》でごったがえす成田国際空港《なりたこくさいくうこう》ターミナルの税関《ぜいかん》フロア。海外旅行《かいがいりょこう》から帰《かえ》ってきた家族《かぞく》連《づ》れや団体客《だんたいきゃく》、海外出張《かいがいしゅっちょう》からもどってきた会社員《かいしゃいん》、日本《にほん》を訪《おとず》れる外国人《がいこくじん》など、さまざまな人《ひと》がいます。

飛行機《ひこうき》を降《お》りた乗客《じょうきゃく》は、入国審査《にゅうこくしんさ》ゲートでパスポートを調《しら》べられた後《あと》、機内《きない》に預《あず》けていたスーツケースや旅行《りょこう》かばんなどを取《と》りに、手荷物引《てにもつひ》き取《と》り所《じょ》に向《む》かいます。

飛行機《ひこうき》ごとに指定《してい》された番号《ばんごう》のところに行《い》くと、ターンテーブルが回《まわ》り、飛行機《ひこうき》の貨物室《かもつしつ》から降《お》ろされた荷物《にもつ》が出《で》てきます。緑《みどり》や黒《くろ》、赤《あか》や青《あお》など色《いろ》とりどりのスーツケースが次々《つぎつぎ》に回《まわ》って来《き》ました。

一機《いっき》のジャンボジェット機《き》に積《つ》まれる荷物《にもつ》は、多《おお》いときは千個《せんこ》を超《こ》えます。いち早《はや》く自分《じぶん》の荷物《にもつ》を見《み》つけようとする人《ひと》が前《まえ》に並《なら》び、入国審査《にゅうこくしんさ》に時間《じかん》がかかって後《あと》から来《き》た人《ひと》たちの入《はい》るすき間《ま》がないほどです。

到着《とうちゃく》ターミナルの税関《ぜいかん》フロアにある部屋《へや》で、検疫探知犬《けんえきたんちけん》のクレオとキャンディーが、荷物《にもつ》が出《で》てくるのを待《ま》ちかまえていました。

「クレオ、ワーク（仕事《しごと》だよ）」

ハンドラーの浜名仁《はまなひとし》さんが、クレオに指示《しじ》を出《だ》しました。

「キャンディー、ゴー（さあ、行《い》こう）」

もう一人《ひとり》のハンドラーの国分英行《こくぶんひでゆき》さんもキャンディーを連《つ》れて、手荷物引《てにもつひ》き取《と》り所《じょ》に向《む》かいました。ほとんどの人《ひと》は、自分《じぶん》の荷物《にもつ》を見《み》のがさないように気《き》をとられていて、後《うし》ろから二匹《にひき》の犬《いぬ》が近《ちか》づいていることに気《き》がついていません。

「ファインド（探《さが》せ）！」

クレオとキャンディーが、旅行客《りょこうきゃく》の持《も》つかばん、カートに積《つ》まれたスーツケースなどのにおいをかぎはじめました。顔《かお》を左右《さゆう》に振《ふ》りながら、鼻《はな》に全神経《ぜんしんけい》を集中《しゅうちゅう》させています。

ハンドラーの浜名《はまな》さんと国分《こくぶん》さんは、クレオとキャンディーの動《うご》きを注意深《ちゅういぶか》く見守《みまも》っています。どんな小《ちい》さな反応《はんのう》や表情《ひょうじょう》でも、見《み》のがさないように目《め》を配《くば》ります。

突然《とつぜん》、クレオが、カートに乗《の》せられた布製《ぬのせい》のかばんに前足《まえあし》をかけて立《た》ち上《あ》がりました。何《なに》か感《かん》じたのでしょうか。鼻《はな》をひくひくさせながら、何度《なんど》もかいでいます。

そして、次《つぎ》の瞬間《しゅんかん》、動《うご》きが止《と》まったかと思《おも》うと、そのカートのそばにチョコンとおすわりをしました。そして、浜名《はまな》さんの顔《かお》を見上《みあ》げました。

（よし、このかばんだな。この中《なか》に、何《なに》か入《はい》っているんだな）

浜名《はまな》さんが、かばんの持《も》ち主《ぬし》にたずねました。

「こんにちは。動物検疫所《どうぶつけんえきしょ》の者《もの》ですが、お急《いそ》ぎのところ、失礼《しつれい》します。検疫探知犬《けんえきたんちけん》がこちらのかばんに反応《はんのう》していますが、何《なに》か、食《た》べ物《もの》をお持《も》ちではないでしょうか」

「食《た》べ物《もの》ですか？　ええ、このかばんに入《はい》っています。おみやげに買《か》ったものですが……」

そう言《い》いながら、ソーセージの真空《しんくう》パックを取《と》り出《だ》しました。

「このソーセージの検査証明書《けんさしょうめいしょ》はお持《も》ちですか」

「検査証明書《けんさしょうめいしょ》？　いいえ、普通《ふつう》の市場《いちば》で買《か》ったので、そういうのはもらっていませんが……」

「申《もう》し訳《わけ》ございませんが、肉製品《にくせいひん》をおみやげにするときには、その国《くに》が発行《はっこう》した検《けん》査証明書《さしょうめいしょ》をいっしょに出《だ》すという規則《きそく》があるんです」

「そうなんですか……知《し》りませんでした。困《こま》ったなあ。せっかく、おみやげに買《か》って来《き》たのに……」

肉《にく》はもちろんのこと、肉《にく》を加工《かこう》して作《つく》ったソーセージやハムなども、日本《にほん》に持《も》ち込《こ》むには、購入《こうにゅう》した国《くに》が発行《はっこう》した検査証明書《けんさしょうめいしょ》をそえて、動物検疫《どうぶつけんえき》カウンターに届《とど》けなければなりません。

「お急《いそ》ぎのところお手数《てすう》ですが、動物検疫所《どうぶつけんえきしょ》にご案内《あんない》しますので、どうぞ、こちらへ」

その旅行客《りょこうきゃく》は別《べつ》の係官《かかりかん》に案内《あんない》されて、税関《ぜいかん》の横《よこ》にある動物検疫《どうぶつけんえき》カウンターに向《む》かいました。周《まわ》りの人《ひと》の視線《しせん》を感《かん》じたのか、恥《は》ずかしそうに頭《あたま》をかいています。

「グッド・ガール、クレオ（いい子《こ》だ、よくやったね）」

浜名《はまな》さんはクレオの体《からだ》をなで、リワードを口《くち》に入《い》れてやりました。リワードとは、「ほうび」のことで、クレオとキャンディーは肉製品《にくせいひん》を見《み》つけたら、ごほうびとして、とびきり上等《じょうとう》のエサを一粒《ひとつぶ》もらえるのです。

（ほらね、ちゃんと見《み》つけたよ）

クレオは、満足《まんぞく》そうに目《め》を輝《かがや》かせています。

（いいぞ、クレオ。今日《きょう》も、その調子《ちょうし》でがんばってくれよ）

浜名《はまな》さんにはクレオの気持《きも》ちが伝《つた》わっています。言葉《ことば》を交《か》わさなくても、言《い》いたいことが十分《じゅうぶん》に通《つう》じているのです。

「クレオ。ファインド（探《さが》せ）」

浜名《はまな》さんが次《つぎ》の指示《しじ》を出《だ》すと、クレオはすばやく動《うご》き出《だ》しました。そのまなざしは真剣《しんけん》です。旅行客《りょこうきゃく》のかばんを、自慢《じまん》の鼻《はな》でクンクンかいでいきます。

入国手続《にゅうこくてつづ》きを終《お》えた大勢《おおぜい》の旅行客《りょこうきゃく》が階段《かいだん》を降《お》りて、次々《つぎつぎ》に税関《ぜいかん》フロアに入《はい》ってきました。また別《べつ》の飛行機《ひこうき》が到着《とうちゃく》したようです。隣《となり》の手荷物引《てにもつひ》き取《と》り所《じょ》のターンテーブルが、音《おと》を立《た》てて回《まわ》りはじめました。

国分《こくぶん》さんはキャンディーを連《つ》れて、隣《となり》のターンテーブルに向《む》かいました。

「キャンディー、ファインド（探《さが》せ）！」

キャンディーは、大《おお》きな耳《みみ》をひらひらさせながら、次《つぎ》から次《つぎ》へと荷物《にもつ》の間《あいだ》をすりぬけていきました。

クレオとキャンディーに与《あた》えられた時間《じかん》は限《かぎ》られています。スーツケースやかばんを受《う》け取《と》った旅行客《りょこうきゃく》が、税関《ぜいかん》を通《とお》り過《す》ぎる前《まえ》に、肉製品《にくせいひん》のにおいを探《さが》し出《だ》さなければなりません。

検疫探知犬《けんえきたんちけん》は、海外《かいがい》から不正《ふせい》に持《も》ち込《こ》まれた肉製品《にくせいひん》を通《とお》して、口蹄疫《こうていえき》や鳥《とり》インフルエンザなど、家畜《かちく》の伝染病《でんせんびょう》が日本《にほん》に入《はい》り込《こ》むのを防《ふせ》ぐのが仕事《しごと》です。

クレオとキャンディーは、日本《にほん》に初《はじ》めて登場《とうじょう》した検疫探知犬《けんえきたんちけん》。世界《せかい》でもっとも検《けん》疫《えき》が厳《きび》しいとされているオーストラリアからやって来《き》た、ビーグル犬《けん》のメスのコンビです。

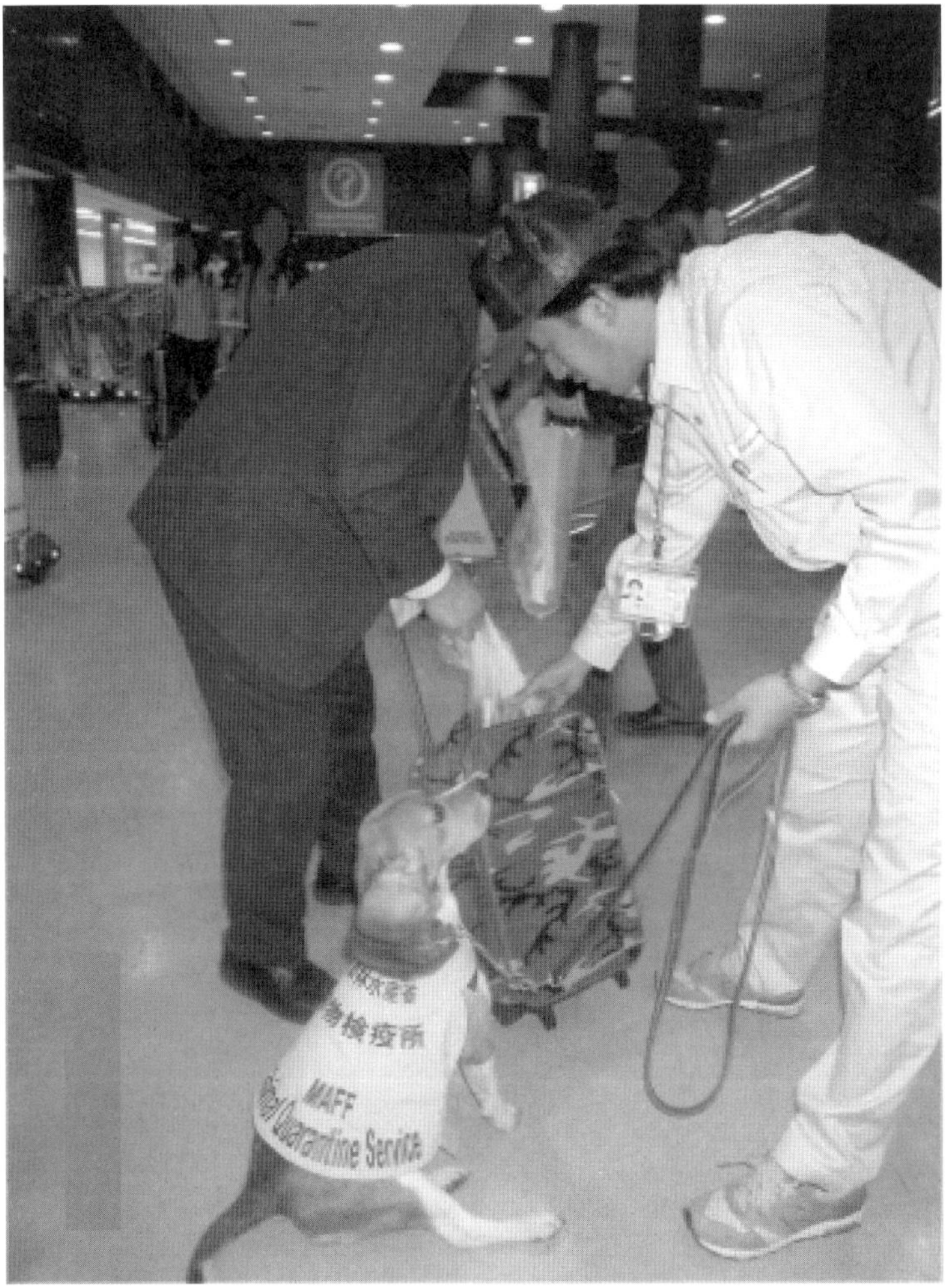

おすわりをして反応《はんのう》を示《しめ》したキャンディーと、
旅行客《りょこうきゃく》のカバンの中身《なかみ》を調《しら》べるハンドラーの国分《こくぶん》さん。

検疫探知犬《けんえきたんちけん》
クレオとキャンディー
もくじ

はじめに 2
シドニーの検疫探知犬訓練所《けんえきたんちけんくんれんじょ》 12
ハンドラーのオーストラリア研修《けんしゅう》 24
チームワーク合同《ごうどう》訓練《くんれん》 36
成田《なりた》国際《こくさい》空港《くうこう》は日本《にほん》の空《そら》の玄関口《げんかんぐち》 46

Candy

世界《せかい》にはびこる家畜伝染病《かちくでんせんびょう》 52
出動《しゅつどう》！ クレオとキャンディー 60
がんばれ！ クレオとキャンディー 72
クレオとキャンディーの役割《やくわり》 86
百匹《ひゃっぴき》の検疫探知犬《けんえきたんちけん》が働《はたら》くオーストラリア 96
海外小包《かいがいこづつみ》から没収《ぼっしゅう》される「卵《たまご》のふりかけ」 106
日本《にほん》を守《まも》るクレオとキャンディー 112
ハンドラーの交代《こうたい》 122
断《た》ちがたい絆《きずな》 132
新《あたら》しい出発《しゅっぱつ》 140
おわりに 148

Cleo

シドニーの検疫探知犬訓練所《けんえきたんちけんくんれんじょ》

オーストラリアのシドニー市《し》。南《みなみ》の郊外《こうがい》に位置《いち》するヒースコート地域《ちいき》は、「王立《おうりつ》国立公園《こくりつこうえん》」の近《ちか》くにあり、豊《ゆた》かな自然《しぜん》があふれています。入《い》り口《ぐち》に「ハンロブ・ペットケアセンター」の看板《かんばん》が見《み》えます。十《じゅう》エーカーという、サッカー場《じょう》が十個《じゅっこ》も入《はい》るほどの広《ひろ》い敷地《しきち》があり、犬《いぬ》や猫《ねこ》のペットホテル、トレーニング施設《しせつ》が立《た》ち並《なら》んでいます。

その一《ひと》つが「インターナショナル・ドッグ・アカデミー」という訓練所《くんれんじょ》で、検疫《けんえき》探知犬《たんちけん》の訓練《くんれん》のほか、一般《いっぱん》のペットのトレーニングも行《おこ》なっています。民間《みんかん》の施設《しせつ》ですが、オーストラリア連邦政府《れんぽうせいふ》とタスマニア州政府《しゅうせいふ》から、検疫探知犬《けんえきたんちけん》の訓練《くんれん》を任《まか》され、オーストラリア国内《こくない》で働《はたら》く検疫探知犬《けんえきたんちけん》の訓練《くんれん》は、ここで集中《しゅうちゅう》して行《おこ》なっているのです。

「ファインド（探《さが》せ）」

「グッド・ボーイ（よ〜し、いい子《こ》だ）」

訓練所《くんれんじょ》の中《なか》で、スティーブ・オースティンさんの、きびきびと指示《しじ》を出《だ》す声《こえ》がひびいています。

オースティンさんは、検疫探知犬《けんえきたんちけん》をオーストラリアで初《はじ》めて訓練《くんれん》し、これまで百二十匹《ひゃくにじゅっぴき》も育《そだ》て上《あ》げています。オーストラリア政府公認《せいふこうにん》の検疫探知犬《けんえきたんちけん》トレーナーは、オースティンさんただ一人《ひとり》。ここの「インターナショナル・ドッグ・アカデミー」で検疫探知犬《けんえきたんちけん》の訓練《くんれん》をし、ほかの訓練所《くんれんじょ》や施設《しせつ》でも、いろいろな使役犬《しえきけん》を訓練《くんれん》しています。オーストラリア国内《こくない》にとどまらず、ニューカレドニアの検疫探知犬《けんえきたんちけん》や、ネパール国境警備隊《こっきょうけいびたい》の爆発物探知犬《ばくはつぶつたんちけん》を訓練《くんれん》するなど、犬《いぬ》のトレーナーの第一人者《だいいちにんしゃ》として活躍《かつやく》しています。

オースティンさんがスタッフを集《あつ》めました。

「今日《きょう》、また、新《あたら》しい仲間《なかま》が入《はい》りました。シェルター（犬《いぬ》や猫《ねこ》の保護施設《ほごしせつ》）から連《つ》れて来《き》たビーグルです」

オースティンさんの足下《あしもと》にいるのは、まだ子犬《こいぬ》のビーグル犬《けん》。検疫探知犬《けんえきたんちけん》の候補《こうほ》生《せい》で、訓練《くんれん》して能力《のうりょく》が認《みと》められれば、オーストラリア国内《こくない》の空港《くうこう》で、検疫探知犬《けんえきたんちけん》として働《はたら》くことになります。

どのスタッフもにこにこしながらながめています。新《あたら》しい子犬《こいぬ》が入《はい》ってくると、訓練所《くんれんじょ》の中《なか》はいつも和《なご》やかな雰囲気《ふんいき》になります。

どこで生《う》まれたのか、だれが飼《か》っていたのか、くわしいことはだれも知《し》りません。何《なん》らかの事情《じじょう》で飼《か》い主《ぬし》に捨《す》てられ、保護施設《ほごしせつ》で新《あたら》しい里親《さとおや》を求《もと》めていたところを、オースティンさんが引《ひ》き取《と》り、連《つ》れて来《き》たのです。

あわれな運命《うんめい》の子犬《こいぬ》たちがここで訓練《くんれん》を受《う》け、りっぱな検疫探知犬《けんえきたんちけん》になって活躍《かつやく》するのを、スタッフはこれまで何度《なんど》も見《み》てきました。あどけない表情《ひょうじょう》の残《のこ》る子犬《こいぬ》を前《まえ》にして、「ちゃんと育《そだ》て上《あ》げ、りっぱな検疫探知犬《けんえきたんちけん》になってもらおう」と、気持《きも》ちを新《あら》たにしていました。

オーストラリアは周囲《しゅうい》を海《うみ》に囲《かこ》まれた島大陸《しまたいりく》。大陸《たいりく》そのものが一《ひと》つの国《くに》になっているのは、世界中《せかいじゅう》でオーストラリアだけです。はるか昔《むかし》から他《ほか》の大陸《たいりく》と離《はな》れていたので、珍《めずら》しい動物《どうぶつ》が住《す》み、オーストラリアならではの植物《しょくぶつ》が育《そだ》っています。

そんな豊《ゆた》かな環境《かんきょう》を守《まも》るため、外国《がいこく》から動物《どうぶつ》や植物《しょくぶつ》を持《も》ち込《こ》むことについて、世《せ》界《かい》のどの国《くに》よりも目《め》を光《ひか》らせてきました。検疫探知犬《けんえきたんちけん》プロジェクトも、その厳《きび》しい検疫制度《けんえきせいど》の一《ひと》つとして、一九九二年《ねん》に始《はじ》められたものです。

オースティンさんは、そのプロジェクトの立《た》ち上《あ》げから関《かか》わっています。世界《せかい》で初《はじ》めて検疫探知犬《けんえきたんちけん》を取《と》り入《い》れたアメリカから、二匹《にひき》のビーグル犬《けん》とトレーナーを招《まね》いて指導《しどう》してもらい、その後《ご》は、オースティンさんがリーダーとなって、このプロジェクトを進《すす》めてきました。

訓練所《くんれんじょ》には、保護施設《ほごしせつ》から引《ひ》き取《と》ったビーグルのほかに、ブリーダーから譲《ゆず》り受《う》けたものや一般家庭《いっぱんかてい》のペットだったものもいます。

茶色《ちゃいろ》の体《からだ》に顔《かお》だけが白《しろ》っぽかったり、頭《あたま》から胸《むね》あたりまでが白《しろ》かったり、背中《せなか》に黒《くろ》っぽい毛《け》がまじったりと、ビーグルと言《い》っても、よく見《み》ると、色《いろ》や体《からだ》つきが少《すこ》しずつ違《ちが》います。

空港《くうこう》で働《はたら》く検疫探知犬《けんえきたんちけん》は、このビーグル犬《けん》がほとんどです。ビーグル犬《けん》はもともとウサギ狩《が》りに使《つか》われた犬《いぬ》で、とてもすぐれた鼻《はな》を持《も》つことで知《し》られています。

税関《ぜいかん》フロアのような人込《ひとご》みでは、大《おお》きい犬《いぬ》よりも、ビーグル犬《けん》のような体《からだ》の小《ちい》さい犬《いぬ》のほうが小回《こまわ》りがききます。また、たれ耳《みみ》の顔《かお》がかわいらしく、犬《いぬ》の苦手《にがて》な人《ひと》にも、こわがられる心配《しんぱい》はあまりありません。

毛《け》が短《みじか》いので清潔《せいけつ》に保《たも》ちやすく、また、人《ひと》なつっこくて気立《きだ》てもよいので、検疫《けんえき》探知犬《たんちけん》に向《む》いていると言《い》われています。


訓練所《くんれんじょ》では、においを探知《たんち》する基礎訓練《きそくんれん》が始《はじ》まりました。トレーナーのオースティンさんと、ケン・イネスさんが、小《ちい》さめのダンボール箱《ばこ》を三《みっ》つ並《なら》べました。

二番目《にばんめ》の箱《はこ》の上《うえ》にソーセージを乗《の》せています。犬《いぬ》にリード（引《ひ》き綱《づな》）をつけて誘導《ゆうどう》しながらにおいをかがせ、二番目《にばんめ》に来《き》たときに、「スィット（すわれ）」と指示《しじ》を出《だ》します。上手《じょうず》におすわりができたら、リワードをやります。そして、ソーセージを乗《の》せた箱《はこ》の置《お》き場所《ばしょ》を変《か》えて、同《おな》じことを何度《なんど》もくり返《かえ》します。

それができるようになったら、次《つぎ》に、ソーセージを箱《はこ》の中《なか》に隠《かく》します。ソーセージの入《はい》った箱《はこ》のにおいをかいだときに、「スイット（すわれ）」と呼《よ》びかけ、そこでおすわりをしたら、リワードをやります。箱《はこ》の位置《いち》を変《か》えて、何度《なんど》も何度《なんど》もくり返《かえ》します。

このくり返《かえ》しで、たとえソーセージが見《み》えていなくても、「ソーセージのにおいがした箱《はこ》のそばでおすわりをしたら、リワードがもらえる」ということを覚《おぼ》えるのです。

ソーセージのにおいをかぎわけられるようになったら、ビーフジャーキーや鶏肉《とりにく》にしたり、箱《はこ》の順番《じゅんばん》を変《か》えたり、箱《はこ》を多《おお》くしたりして同《おな》じようにくり返《かえ》します。肉《にく》製品《せいひん》のにおいを一《ひと》つずつ覚《おぼ》えさせていくのです。

さらに、肉製品《にくせいひん》を袋《ふくろ》に包《つつ》んだり、においが出《で》にくいように、ビンに入《い》れたり、冷《れい》凍《とう》したりして、だんだん難《むずか》しくしていきます。

犬《いぬ》の鼻《はな》がすぐれているのはよく知《し》られていますが、犬《いぬ》の脳《のう》は人間《にんげん》の脳《のう》に比《くら》べると、においを感知《かんち》する嗅覚《きゅうかく》に使《つか》われる部分《ぶぶん》が、かなり多《おお》いとされています。においをかぐ細胞《さいぼう》は、人間《にんげん》が約五百万個《やくごひゃくまんこ》あるのに対《たい》し、犬《いぬ》はおよそ二億個《におくこ》。鼻《はな》が複雑《ふくざつ》な仕組《しく》みになっているため、嗅覚《きゅうかく》は人間《にんげん》の百万倍《ひゃくまんばい》もすぐれていると言《い》われています。

散歩《さんぽ》の途中《とちゅう》で犬同士《いぬどうし》がお尻《しり》のにおいをかぎ回《まわ》ったり、あちこちにおしっこをかけたりしますが、それは、においを通《とお》して会話《かいわ》をしているのです。犬《いぬ》はたった一滴《いってき》のおしっこのにおいをかいだだけで、その犬《いぬ》の年令《ねんれい》やオスかメスかがわかり、また、食《た》べた物《もの》が何《なに》か、健康《けんこう》かどうか、自分《じぶん》にとって敵《てき》か味方《みかた》かまでわかると言《い》われています。まさに、鼻《はな》を通《とお》して世界《せかい》を見《み》ていると言《い》ってもいいのです。

そんな犬《いぬ》のすぐれた鼻《はな》を生《い》かして、麻薬探知犬《まやくたんちけん》、爆発物探知犬《ばくはつぶつたんちけん》、地雷探知犬《じらいたんちけん》、警察犬《けいさつけん》や災害救助犬《さいがいきゅうじょけん》など、人間《にんげん》のために働《はたら》く犬《いぬ》が世界中《せかいじゅう》で活躍《かつやく》しています。

検疫探知犬《けんえきたんちけん》を取《と》り入《い》れているのは、アメリカ、カナダ、オーストラリア、ニュージーランド、韓国《かんこく》、台湾《たいわん》などで、まだ多《おお》くはありません。けれども、その能力《のうりょく》の高《たか》さが明《あき》らかになるにつれ、取《と》り入《い》れようとする国《くに》が増《ふ》えています。

「グッド・ガール！」

「グッド・ボーイ！」

トレーナーのイネスさんがひんぱんに声《こえ》をかけます。うまくできると、ハンドラーは思《おも》いっきりほめてやります。「グッド・ボーイ」や「グッド・ガール」という言《こと》葉《ば》は、日本語《にほんご》にすると、「いい子《こ》だね。おりこうさん」といった意《い》味《み》になります。オスならば「ボーイ」、メスならば「ガール」になります。

犬《いぬ》はこの言葉《ことば》をかけてもらうのが大好《だいす》きです。飼《か》い主《ぬし》やトレーナーに喜《よろこ》んでもらい、ほめてもらうのが、犬《いぬ》にとっては一番《いちばん》うれしいことなのです。

トレーナーは、訓練《くんれん》がうまくできなくても、決《けっ》して怒《おこ》りません。何日《なんにち》も同《おな》じことをくり返《かえ》し、完全《かんぜん》にできるようになってから、次《つぎ》の段階《だんかい》の訓練《くんれん》にうつります。犬《いぬ》が体《からだ》で覚《おぼ》えるまで同《おな》じことを続《つづ》けさせます。また、このくり返《かえ》しによって、それぞれの犬《いぬ》の性格《せいかく》などを見《み》ぬいていくのです。

この、箱《はこ》の中《なか》のにおいを探《さが》す訓練《くんれん》に五週間《ごしゅうかん》かけ、その後《あと》、ハンドラーといっしょの合同訓練《ごうどうくんれん》に八週間《はっしゅうかん》かけます。

この訓練所《くんれんじょ》では、ビーグル犬《けん》のほかに、ラブラドールやボーダー・コリーなども検疫探知犬《けんえきたんちけん》としての訓練《くんれん》を受《う》けています。ビーグル犬《けん》は空港《くうこう》で旅行客《りょこうきゃく》の荷物《にもつ》を調《しら》べ、ラブラドールなどの大型犬《おおがたけん》は、主《おも》に国際郵便集配《こくさいゆうびんしゅうはい》センターなどで、海外《かいがい》から届《とど》く郵《ゆう》便物《びんぶつ》や小包《こづつみ》などを調《しら》べる仕事《しごと》が割《わ》り当《あ》てられています。

ある日《ひ》、オースティンさんの元《もと》に、ドッグトレーナーの養成学校《ようせいがっこう》を経営《けいえい》しているハイランド真理子《まりこ》さんから連絡《れんらく》が入《はい》りました。

「いいお知《し》らせがあります。前《まえ》にお話《はな》しした日本《にほん》の検疫探知犬導入《けんえきたんちけんどうにゅう》のことですが、ようやく決《き》まりましたよ」

「それは、それは……。ハイランドさんの努力《どりょく》が実《み》を結《むす》んだわけですね。よかったですね」

オースティンさんの声《こえ》も弾《はず》んでいます。

ハイランド真理子《まりこ》さんは、オーストラリアで競馬学校《けいばがっこう》やドッグトレーナー養成学《ようせいがっ》校《こう》の経営《けいえい》に携《たずさ》わっています。日本《にほん》からシドニーに移《うつ》り住《す》んで約二十五年《やくにじゅうごねん》になるハイランドさんは、オーストラリアの検疫探知犬《けんえきたんちけん》について興味《きょうみ》を持《も》ち、その能力《のうりょく》や実績《じっせき》を知《し》るにつれて、外国《がいこく》でも取《と》り入《い》れるべきではないかと考《かんが》えていました。

検疫探知犬《けんえきたんちけん》のトレーナーとして活躍《かつやく》するオースティンさんには、自分《じぶん》の運営《うんえい》するドッグトレーナー養成学校《ようせいがっこう》で、講師《こうし》をしてもらっています。オースティンさんの力《ちから》を借《か》りて、日本《にほん》にも検疫探知犬《けんえきたんちけん》を導入《どうにゅう》できないかと、関係機関《かんけいきかん》に働《はたら》きかけていたのです。

「検疫探知犬《けんえきたんちけん》を二匹《にひき》、日本《にほん》に連《つ》れて行《い》くことになりました。それから、農林水産省《のうりんすいさんしょう》の職員《しょくいん》がオーストラリアに来《き》て研修《けんしゅう》を受《う》けますので、検疫探知犬《けんえきたんちけん》とハンドラーの訓練《くんれん》をお願《ねが》いできるでしょうか」

「わかりました。喜《よろこ》んで協力《きょうりょく》させていただきます。すぐに準備《じゅんび》に取《と》りかかりましょう」

オースティンさんは、これまで、同《おな》じような依頼《いらい》をニューカレドニアやネパールから受《う》け、その検疫探知犬《けんえきたんちけん》プロジェクトを成功《せいこう》させています。

日本《にほん》に送《おく》る犬《いぬ》を選《えら》ぶには、まったく新《あたら》しい環境《かんきょう》でやっていけるかどうかを考《かんが》えなくてはなりません。犬《いぬ》の性格《せいかく》から長所《ちょうしょ》や短所《たんしょ》まで、すべてを見極《みきわ》めた上《うえ》で選《えら》ぶことになります。オースティンさんは、日本《にほん》へ行《い》く候補犬《こうほけん》をクレオ、ビリー、キャンディー、ピクルスの四匹《よんひき》にしぼり、準備《じゅんび》を進《すす》めることにしました。

ハンドラーのオーストラリア研修《けんしゅう》

二〇〇五年八月中旬《ねんはちがつちゅうじゅん》。

農林水産省《のうりんすいさんしょう》から派遣《はけん》された浜名仁《はまなひとし》さんと国分英行《こくぶんひでゆき》さんが、クイーンズランド州《しゅう》のゴールドコーストに到着《とうちゃく》しました。

南半球《みなみはんきゅう》にあるオーストラリアは日本《にほん》と季節《きせつ》が逆《ぎゃく》。日本《にほん》が夏《なつ》のこの時期《じき》は、オーストラリアでは冬《ふゆ》に当《あ》たります。けれども、クイーンズランド州《しゅう》のこのあたりは、一年中《いちねんじゅう》、気候《きこう》がおだやかです。

成田国際空港《なりたこくさいくうこう》を出発《しゅっぱつ》したのが夜九時《よるくじ》。七時間後《ななじかんご》に南半球《みなみはんきゅう》のオーストラリア大陸《たいりく》に着陸《ちゃくりく》しました。眠《ねむ》っている間《あいだ》に飛行機《ひこうき》は赤道《せきどう》をはるかに越《こ》え、太平洋《たいへいよう》を越《こ》えていたのです。浜名《はまな》さんも国分《こくぶん》さんも、短《みじか》い時間《じかん》で簡単《かんたん》に国境《こっきょう》を越《こ》えて移動《いどう》できる飛行機《ひこうき》の便利《べんり》さを、改《あらた》めて感《かん》じていました。

二人《ふたり》は、オースティンさんが教《おし》える訓練所《くんれんじょ》に行《い》く前《まえ》に、「ワールド・ドッグ・カレッジ」のゴールドコーストにあるキャンパスで、犬《いぬ》のハンドラーに必要《ひつよう》な勉強《べんきょう》をすることになっています。犬《いぬ》の世話《せわ》や訓練《くんれん》について学《まな》び、また、「ドッグズ・イングリッシュ」と呼《よ》ばれる、犬《いぬ》の訓練用語《くんれんようご》を英語《えいご》で覚《おぼ》えるのです。

二《に》カ月後《かげつご》に始《はじ》まるオースティンさんの指導《しどう》は、もちろん英語《えいご》で行《おこ》なわれます。それに、検疫探知犬《けんえきたんちけん》はこれまで英語《えいご》の指示《しじ》で訓練《くんれん》を受《う》けているため、浜名《はまな》さんも国分《こくぶん》さんも、英語《えいご》で指示《しじ》が出《だ》せるようにしなくてはなりません。

この派遣《はけん》が決《き》まるまで、浜名《はまな》さんは家畜防疫官《かちくぼうえきかん》として、関西国際空港《かんさいこくさいくうこう》で旅行者《りょこうしゃ》が持《も》ち込《こ》む畜産物《ちくさんぶつ》の検疫《けんえき》の仕事《しごと》に携《たずさ》わっていました。国分《こくぶん》さんも同《おな》じ仕事《しごと》ですが、成田国《なりたこく》際空港《さいくうこう》で働《はたら》いていたため、二人《ふたり》がいっしょに仕事《しごと》をするのは今回《こんかい》が初《はじ》めてです。

「検疫探知犬《けんえきたんちけん》のハンドラーに選《えら》ばれるなんて、びっくりしましたよ。それも、日本《にほん》初《はつ》の検疫犬《けんえきけん》なんだから、責任重大《せきにんじゅうだい》……。それにしても、初《はじ》めての海外《かいがい》に、こんな仕《し》事《ごと》の研修《けんしゅう》で来《く》るなんて、考《かんが》えもしなかったなあ」

浜名《はまな》さんが、大《おお》きなヤシの木《き》の並木《なみき》を見《み》ながら言《い》いました。空港《くうこう》を一歩外《いっぽそと》に出《で》ると、オーストラリアならではの風景《ふうけい》が、どこまでも広《ひろ》がっています。

「これからの四ヵ月《よんかげつ》は、長《なが》いようで短《みじか》い。ぼくたちが訓練《くんれん》をしっかり受《う》けないと、日本《にほん》に連《つ》れて行《い》かれる犬《いぬ》がかわいそうですからね。ああ、なんだか緊張《きんちょう》してきたなあ……」

国分《こくぶん》さんが不安《ふあん》そうにつぶやきました。

この「ワールド・ドッグ・カレッジ」では、犬《いぬ》の訓練士《くんれんし》をめざす人《ひと》が多《おお》く学《まな》んでいて、日本《にほん》からもたくさんの留学生《りゅうがくせい》が来《き》ています。

浜名《はまな》さんと国分《こくぶん》さんは、家畜防疫官《かちくぼうえきかん》の仕事《しごと》を始《はじ》めてすでに十年《じゅうねん》。学生《がくせい》のときのように、朝《あさ》から夕方《ゆうがた》まで学校《がっこう》に通《かよ》って勉強《べんきょう》をすることになるなんて、夢《ゆめ》にも思《おも》っていませんでした。

けれども、小《ちい》さいときから家《いえ》で犬《いぬ》を飼《か》い、犬《いぬ》が大好《だいす》きな二人《ふたり》にとって、新《あたら》しく学《まな》ぶ何《なに》もかもが興味深《きょうみぶか》く、テキストにある英語《えいご》もどんどん覚《おぼ》えられました。モデル犬《けん》を使《つか》っての実践練習《じっせんれんしゅう》もあります。朝《あさ》から夕方《ゆうがた》まで、びっしりと授業《じゅぎょう》が詰《つ》まっていて、毎日《まいにち》があっという間《ま》に過《す》ぎていきました。

浜名《はまな》さんも国分《こくぶん》さんも、日本初《にほんはつ》の検疫探知犬《けんえきたんちけん》のハンドラーになるという大《おお》きな使命《しめい》を背負《せお》って来《き》ているのですから､どんな苦労《くろう》も当《あ》たり前《まえ》という覚悟《かくご》がありました。

十月中旬《じゅうがつちゅうじゅん》、二人《ふたり》はシドニーにある「インターナショナル・ドッグ・アカデミー」に向《む》かいました。いよいよ､検疫探知犬《けんえきたんちけん》の候補生《こうほせい》といっしょの訓練《くんれん》が始《はじ》まるのです。

トレーナーのオースティンさんとイネスさんは、二人《ふたり》が来《く》るのを首《くび》を長《なが》くして待《ま》っていました。

「四匹《よんひき》のビーグルを日本行《にほんい》きの候補《こうほ》に選《えら》んで訓練《くんれん》してきましたが、今《いま》は三匹《さんびき》にしぼっています。紹介《しょうかい》しましょう。メスのクレオとキャンディー、そして、オスのビリーです。一週間《いっしゅうかん》ほど相性《あいしょう》を見《み》てから、二匹《にひき》を選《えら》んでパートナーを決《き》めたいと思《おも》います」

オースティンさんは、すぐれた検疫探知犬《けんえきたんちけん》を一匹選《いっぴきえら》ぶためには、百匹《ひゃっぴき》から二百匹《にひゃっぴき》もの犬《いぬ》を見《み》て判断《はんだん》すると言《い》います。訓練《くんれん》を受《う》けさえすれば、どんな犬《いぬ》でも検疫探知《けんえきたんち》犬《けん》になれるというわけではなく、素質《そしつ》があるかどうか判断《はんだん》されるのです。血統書《けっとうしょ》つきの優秀《ゆうしゅう》な犬《いぬ》でも、検疫探知犬《けんえきたんちけん》としての適性《てきせい》がなければ、訓練《くんれん》してもなれるわけではありません。

検疫探知犬《けんえきたんちけん》に向《む》いている犬《いぬ》とは、第一《だいいち》に、素直《すなお》で人《ひと》とうまくつきあえるかどうか

浜名《はまな》さんと国分《こくぶん》さんを迎《むか》えたオースティンさんとキャンディー。

が大事《だいじ》になります。探知《たんち》の仕事《しごと》は、ハンドラーとの共同作業《きょうどうさぎょう》なので、社交性《しゃこうせい》がありハンドラーと信頼関係《しんらいかんけい》が築《きず》けるかどうかが問題《もんだい》となるのです。

第二《だいに》に、集中力《しゅうちゅうりょく》と執着心《しゅうちゃくしん》があるかどうか。においがどこから出《で》ているのか、興味《きょうみ》を持《も》って、最後《さいご》まであきらめずに探《さが》せるかどうかが条件《じょうけん》となります。

また、リワードに執着《しゅうちゃく》があるかどうか。リワードがもらいたくて、一生懸命《いっしょうけんめい》に仕事《しごと》をする犬《いぬ》がいいのです。リワードはエサではなくて、タオルの引《ひ》っぱりっこなどの遊《あそ》びの場合《ばあい》もあります。エサがいいのか、遊《あそ》ぶほうがいいのかは、犬《いぬ》によって違《ちが》いますが、ビーグル犬《けん》はエサのほうを喜《よろこ》びます。

第三《だいさん》に、検疫探知犬《けんえきたんちけん》が仕事《しごと》をする場所《ばしょ》は人《ひと》の多《おお》い空港《くうこう》なので、人込《ひとご》みの中《なか》でも騒音《そうおん》の中《なか》でも、仕事《しごと》ができなくてはなりません。音《おと》に敏感過《びんかんす》ぎたり、見知《みし》らぬ人《ひと》をこわがったりするような犬《いぬ》は向《む》いていないのです。

第四《だいよん》に、朝《あさ》から夕方《ゆうがた》まで、探知《たんち》の仕事《しごと》ができるようなスタミナがあるかどうかという資質《ししつ》も判断材料《はんだんざいりょう》になります。

このような条件《じょうけん》をすべて満《み》たすような犬《いぬ》は、なかなかいません。訓練《くんれん》をしても、検疫探知犬《けんえきたんちけん》として合格《ごうかく》できる犬《いぬ》は限《かぎ》られてしまうのです。

クレオは、オースティンさんがシェルターで見《み》つけた犬《いぬ》でした。

シドニーのシェルターを訪《おとず》れて、検疫探知犬《けんえきたんちけん》の素質《そしつ》がある犬《いぬ》がいないかどうか探《さが》していたとき、ちょうど一匹《いっぴき》のビーグル犬《けん》が連《つ》れて来《こ》られました。庭《にわ》に穴《あな》を掘《ほ》ったり、食《た》べ物《もの》を探《さが》して家中《いえじゅう》を荒《あ》らしたりして、やんちゃ過《す》ぎて困《こま》るというのです。

オースティンさんは、これまでも、飼《か》い主《ぬし》に見放《みはな》されたビーグルを何匹《なんびき》も引《ひ》き取《と》って来《き》ました。活発《かっぱつ》なあまり、一般《いっぱん》の家庭《かてい》で飼《か》えないと、シェルターに送《おく》り込《こ》まれた犬《いぬ》たちです。

けれども、ペットとしては元気過《げんきす》ぎるという犬《いぬ》のエネルギーを、訓練《くんれん》でうまく引《ひ》き出《だ》してやると、優秀《ゆうしゅう》な検疫探知犬《けんえきたんちけん》に育《そだ》つことが珍《めずら》しくありません。それどころか、オースティンさんの手《て》にかかると、活発過《かっぱつす》ぎて問題《もんだい》のあった犬《いぬ》こそ、信《しん》じられないような力《ちから》を発揮《はっき》して、りっぱな検疫探知犬《けんえきたんちけん》に生《う》まれ変《か》わっているのです。

オースティンさんを見《み》つめるクレオは、目《め》をじっと見開《みひら》き、「あなたはだれ、私《わたし》と遊《あそ》んでくれるの？　何《なに》かおもしろいことさせてくれるの？」とても言《い》いたげです。初《はじ》めて会《あ》う人《ひと》にも物《もの》おじすることなく、興味津々《きょうみしんしん》でたまらないといったようすです。

「いい目《め》をしている。この子《こ》は、絶対《ぜったい》、検疫探知犬《けんえきたんちけん》に向《む》いている」

オースティンさんは、クレオが一目《ひとめ》で気《き》に入《い》りました。長年《ながねん》の勘《かん》で、訓練《くんれん》を積《つ》めば、いい検疫探知犬《けんえきたんちけん》になるだろうと思《おも》いました。

「家《いえ》で世話《せわ》をするのは、もうお手上《てあ》げ」と、飼《か》い主《ぬし》にさじを投《な》げられたクレオは、数日後《すうじつご》には安楽死処分《あんらくししょぶん》されるかもしれない運命《うんめい》でした。けれども、オースティンさんと出会《であ》ったことで、検疫探知犬《けんえきたんちけん》としての新《あたら》しい道《みち》を歩《あゆ》むことになったのです。

オースティンさんはこの日《ひ》、浜名《はまな》さんと国分《こくぶん》さんに、本番《ほんばん》さながらの訓練《くんれん》をすることにしました。スーツケースやダンボール箱《ばこ》をカートにたくさん積《つ》み上《あ》げ、その中《なか》に肉製品《にくせいひん》を入《い》れたかばんを一個《いっこ》か二個《にこ》入《い》れておきます。税関《ぜいかん》フロアのターンテーブルから荷物《にもつ》を引《ひ》き取《と》った人《ひと》が、カートに乗《の》せて運《はこ》ぶ状況《じょうきょう》と同《おな》じようにこしらえたものです。

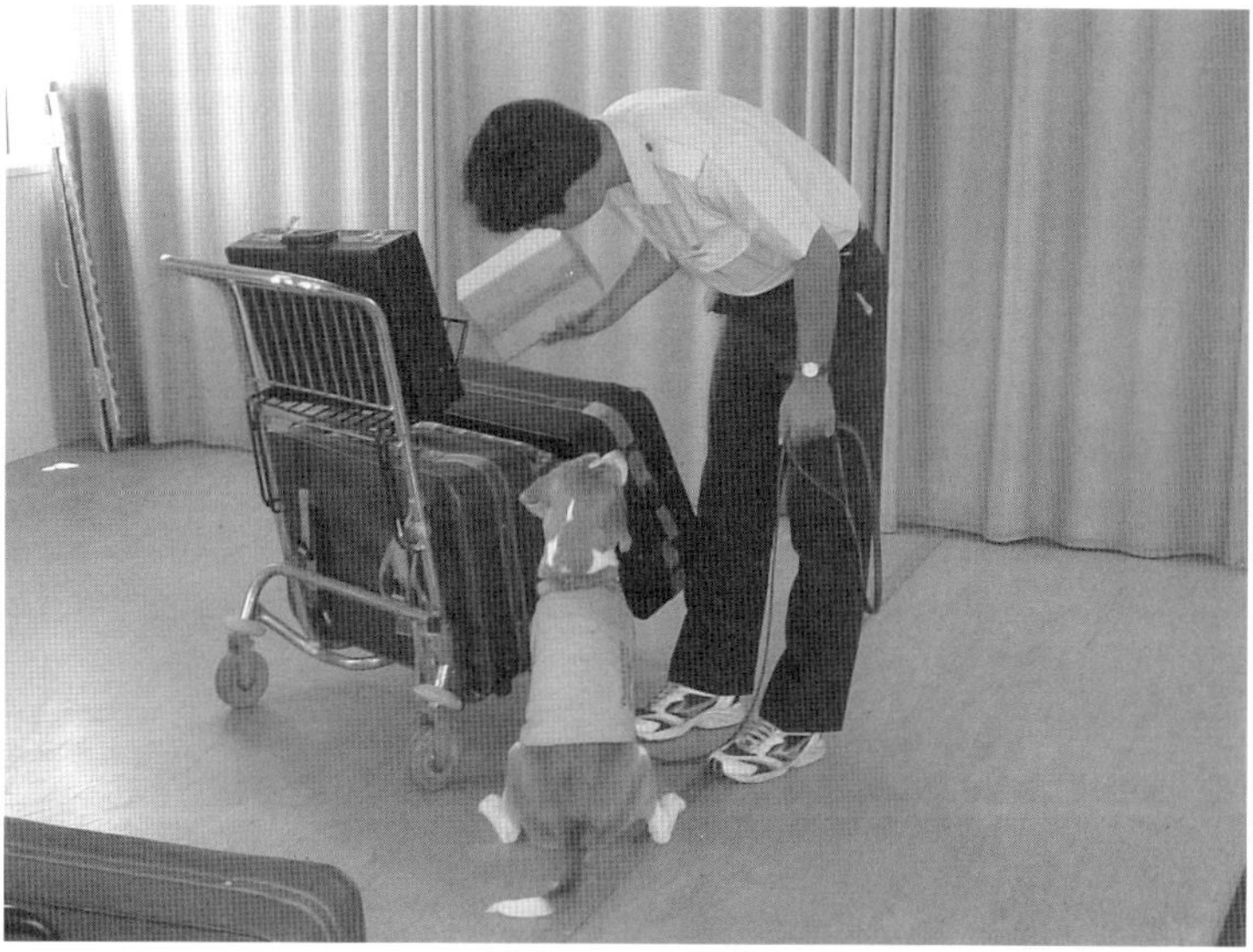

おすわりをして浜名《はまな》さんに合図《あいず》をするクレオ。

浜名《はまな》さんがクレオと組《く》み、訓練《くんれん》を始《はじ》めました。

「ファインド（探《さが》せ）」

クレオがさっそく、カートの荷物《にもつ》をかぎ回《まわ》りました。鼻《はな》をヒクヒクさせ、集中《しゅうちゅう》しています。においを感《かん》じないのか、次々《つぎつぎ》にカートを通《とお》り過《す》ぎて行《い》きます。

カートを五台《ごだい》ほど過《す》ぎたところで、動《うご》きが止《と》まりました。カートのそばにおすわりをすると、おもむろに浜名《はまな》さんの顔《かお》を見上《みあ》げました。「見《み》つけたよ」というサインを示《しめ》したのです。

浜名《はまな》さんがカートの一番上《いちばんうえ》のかばんを開《あ》けて、においの元《もと》が入《はい》っていることを確《かく》認《にん》しました。そして、腰《こし》のベルトにつけたリワード入《い》れからエサを出《だ》して、クレオの口《くち》に入《い》れてやりました。クレオはしっぽを振《ふ》って喜《よろこ》んでいます。

「グッド！　グッド・ガール（よ～し、よし。いい子《こ》だ）」

浜名《はまな》さんは腰《こし》を下《お》ろし、クレオと同《おな》じ目《め》の高《たか》さになって、優《やさ》しく言葉《ことば》をかけます。そして、クレオの体《からだ》をまんべんなくなでてやりました。大《おお》げさすぎるほどにほめて、「このにおいに反応《はんのう》したことが正《ただ》しい」ということを、十分《じゅうぶん》に表現《ひょうげん》して見《み》せるのです。

「ファインド（探《さが》せ）」

次《つぎ》の指示《しじ》を出《だ》すと、クレオはまた次《つぎ》のカートに移《うつ》りました。訓練《くんれん》といっても、探《たん》知《ち》作業《さぎょう》はゲームをしているような感覚《かんかく》で、においを探《さが》す作業《さぎょう》が楽《たの》しいと思《おも》わせることが大切《たいせつ》です。

国分《こくぶん》さんもキャンディーと組《く》んだり、ビリーと組《く》んだりして、同《おな》じ訓練《くんれん》を何度《なんど》も

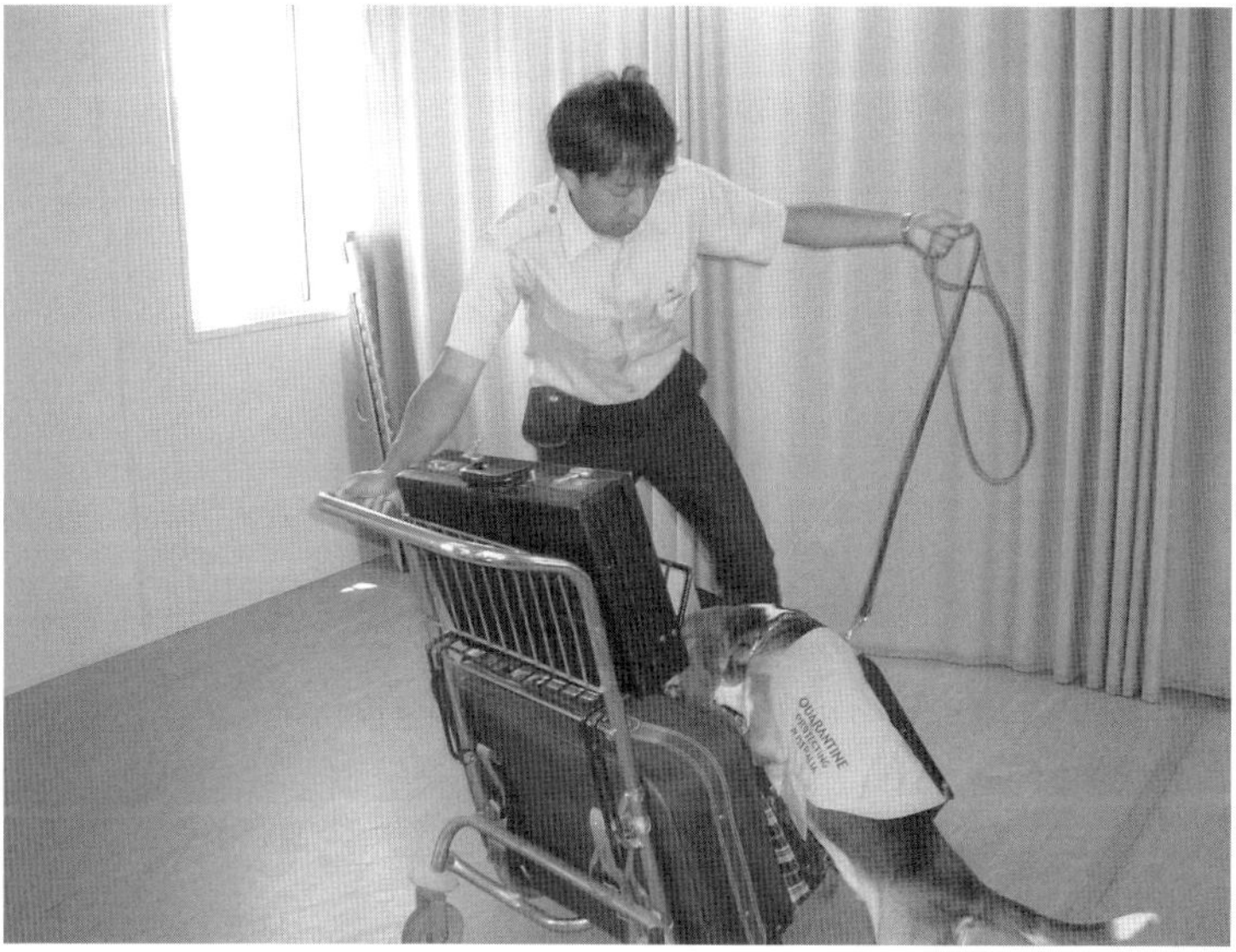

カートに積《つ》み上《あ》げた荷物《にもつ》を探知《たんち》するキャンディーと国分《こくぶん》さん。

続《つづ》けます。三匹《さんびき》と交互《こうご》に組《く》んで、反応《はんのう》の仕方《しかた》に違《ちが》いがあるのか比《くら》べてみたり、浜名《はまな》さんと作業《さぎょう》を確認《かくにん》しあったりしています。

オースティンさんは、それぞれの動《うご》きを見《み》て、リードの間隔《かんかく》、ハンドラーの指示《しじ》や犬《いぬ》の反応《はんのう》、リワードをやるタイミングなどを確認《かくにん》しています。

クレオもキャンディーも、そしてビリーも、目《め》が生《い》き生《い》きしています。訓《くん》練《れん》に夢中《むちゅう》というようすで、きびきびと動《うご》いています。

チームワーク合同訓練《ごうどうくんれん》

訓練《くんれん》を始《はじ》めて一週間後《いっしゅうかんご》。

浜名《はまな》さんと国分《こくぶん》さんが、訓練《くんれん》に使《つか》うダンボール箱《ばこ》を整理《せいり》していると、オースティンさんがにこにこ顔《がお》で近《ちか》づいてきました。

「パートナーを決《き》めましたよ。浜名《はまな》さんにはクレオ、そして、国分《こくぶん》さんにはキャンディーと組《く》んでもらいます。今日《きょう》から、クレオとキャンディーの世話《せわ》は、すべて二《ふた》人《り》に任《まか》せましたから、よろしくお願《ねが》いしますよ」

浜名《はまな》さんも国分《こくぶん》さんも、この一週間《いっしゅうかん》、無我夢中《むがむちゅう》で訓練《くんれん》に取《と》り組《く》んできたので、どの犬《いぬ》と相性《あいしょう》がいいのか、パートナーを組《く》むにはどの犬《いぬ》がいいかなど、考《かんが》えるゆとりもありませんでした。

けれども、長年《ながねん》、犬《いぬ》の訓練《くんれん》を通《とお》して、人間《にんげん》と犬《いぬ》とのチームワークを見《み》てきたオースティンさんが決《き》めたペアです。異論《いろん》があろうはずもありません。それに、日本《にほん》に行《い》く犬《いぬ》は二匹《にひき》なので、犬同士《いぬどうし》の相性《あいしょう》を見《み》る必要《ひつよう》もあるのです。

「ハンドラーはなるべく、指示《しじ》をはっきりと出《だ》してください。犬《いぬ》は、言葉使《ことばづか》いや声《こえ》の調子《ちょうし》でハンドラーの気持《きも》ちがわかるので、はっきり伝《つた》えるように心《こころ》がけたほうがいいですね。それから、訓練《くんれん》された犬《いぬ》の能力《のうりょく》が生《い》かせるかどうかは、ハンドラー次第《しだい》。においを探《さが》すのを犬任《いぬまか》せにするのではなく、犬《いぬ》が何《なに》を伝《つた》えようとしているのかを、よく観察《かんさつ》してください」

ハンドラーは、犬《いぬ》のちょっとした動《うご》きや表情《ひょうじょう》の変化《へんか》も見《み》のがさず、今何《いまなに》を考《かんが》えているのか、迷《まよ》っているのかどうか、集中《しゅうちゅう》できているのかどうかを、すばやく判断《はんだん》できるようにならなくてはいけません。

においを探《さが》し出《だ》すのは犬《いぬ》の仕事《しごと》ですが、その反応《はんのう》を受《う》け取《と》るのはハンドラーの役《やく》目《め》。犬《いぬ》の表情《ひょうじょう》や動《うご》きの変化《へんか》に気《き》づかないようでは、ハンドラーとして合格《ごうかく》とは言《い》えないのです。

検疫《けんえき》の仕事《しごと》は、ハンドラーと犬《いぬ》とが共同《きょうどう》でする仕事《しごと》なので、息《いき》を合《あ》わせることが必要《ひつよう》です。訓練《くんれん》のくり返《かえ》しで、経験《けいけん》をこつこつと積《つ》み重《かさ》ねながら、ハンドラーと犬《いぬ》の信頼関係《しんらいかんけい》を築《きず》き上《あ》げていくことになります。

訓練場《くんれんじょう》で、カートに積《つ》み込《こ》まれた子《こ》どものリュックサックに、キャンディーが反《はん》応《のう》を示《しめ》しておすわりをしました。国分《こくぶん》さんが中《なか》を開《あ》けると、チョコレートが入《はい》っていました。

キャンディーはそばで、「ほら、見《み》つけたよ。リワードを早《はや》くちょうだい」とでも言《い》いたそうな顔《かお》をしています。

健康状態《けんこうじょうたい》を調《しら》べながらのブラッシング。
左《ひだり》からキャンディーと国分《こくぶん》さん。クレオと浜名《はまな》さん。

けれども、国分《こくぶん》さんはリワードをくれません。国分《こくぶん》さんの顔《かお》を見《み》つめたまま、「どうして、どうしてもらえないの？」と訴《うった》えるような表情《ひょうじょう》を見《み》せています。

国分《こくぶん》さんはそんなキャンディーに、力《ちから》づけるように大《おお》きな声《こえ》で「ファインド（探《さが》せ）」と次《つぎ》の指示《しじ》を出《だ》しました。キャンディーは「うん、わかった」と目《め》で返事《へんじ》をします。チョコレートは、日本《にほん》では特《とく》に持《も》ち込《こ》みを規制《きせい》されているものではないので、それに反応《はんのう》したときには、無視《むし》をして次《つぎ》に進《すす》みます。

国分《こくぶん》さんからリワードがもらえるかどうか――これだけで、キャンディーは探《さが》すべき食《た》べ物《もの》のにおいを覚《おぼ》えていきます。毎日《まいにち》の訓練《くんれん》のくり返《かえ》しで、反応《はんのう》していいものと無視《むし》しなくてはならないものとの区別《くべつ》を記憶《きおく》していくのです。

国分《こくぶん》さんとキャンディー、浜名《はまな》さんとクレオの厳《きび》しい訓練《くんれん》は、来《く》る日《ひ》も来《く》る日《ひ》も続《つづ》けられました。


日本《にほん》にもどる日《ひ》が一週間後《いっしゅうかんご》に近《ちか》づいています。

その日《ひ》の朝《あさ》、浜名《はまな》さんが事務所《じむしょ》でパソコンに向《む》かっていると、オースティンさんを補佐《ほさ》しているトレーナーのサブリナさんが、あわてて入《はい》ってきました。

「早《はや》く来《き》て！」

浜名《はまな》さんが驚《おどろ》いて外《そと》に出《で》ると、事務所《じむしょ》のそばの柱《はしら》に、顔《かお》を血《ち》で真《ま》っ赤《か》に染《そ》めたビーグル犬《けん》がいます。けんかを止《と》められ、柱《はしら》にくくりつけられていたのです。浜名《はまな》さんの顔《かお》を見《み》るなり、しっぽを振《ふ》りました。よく見《み》ると、クレオではありません。

「どうした、クレオ！　だいじょうぶか？」

クレオはほかの犬《いぬ》よりも顔《かお》が白《しろ》っぽいのが特徴《とくちょう》なので、血《ち》で汚《よご》れた顔《かお》が、まさかクレオだとは気《き》がつきませんでした。

「傷口《きずぐち》を洗《あら》うから押《お》さえて」

サブリナさんが浜名《はまな》さんに言《い》いました。

すわり込《こ》んでクレオを抱《かか》えるように押《お》さえると、サブリナさんがホースの水《みず》をかけました。傷《きず》は耳《みみ》と顔《かお》にたくさんありますが、浅《あさ》いひっかき傷《きず》のようです。サブリナさんは、傷口《きずぐち》をゴシゴシ洗《あら》いはじめました。

（そんなに強《つよ》くこすらなくても……痛《いた》くないかな。だいじょうぶか、クレオ……）

浜名《はまな》さんは気《き》になってしかたがありません。けれども、クレオは微動《びどう》だにせず、まっすぐに前《まえ》を向《む》いています。

悪《わる》びれたようすもなく、痛《いた》がりもしません。最初《さいしょ》に見《み》たときも、おびえた表情《ひょうじょう》どころか、「どんなもんだい」とでも言《い》いたそうに、得意気《とくいげ》に胸《むね》をはっていました。まるでガキ大将《だいしょう》のようです。

(へえ〜〜、なかなか強情《ごうじょう》なんだなあ)

これまでの訓練《くんれん》では見《み》られなかったクレオの一面《いちめん》に、浜名《はまな》さんは目《め》を丸《まる》くするばかりです。

「さあ、クレオはこれでだいじょうぶ。次《つぎ》はピクルスよ」

浜名《はまな》さんがピクルスを見《み》つけて連《つ》れてきました。ピクルスは足《あし》に傷《きず》を負《お》っています。

「クレオとピクルスは、ずっと仲《なか》が悪《わる》いの……。ピクルスの足《あし》の傷《きず》のほうが深《ふか》いわ

訓練所《くんれんじょ》の庭《にわ》でオースティンさんとくつろぐ。
左《ひだり》が国分《こくぶん》さんとキャンディー、右《みぎ》が浜名《はまな》さんとクレオ。

ね。きっと、何《なに》かあってクレオがピクルスの足《あし》にかみついて、クレオはピクルスに顔《かお》を引《ひ》っかかれても、離《はな》さなかったのね」

サブリナさんの言葉《ことば》に、そばにいたクレオは、ますます得意《とくい》そうな顔《かお》をしました。

クレオは、いっしょに日本《にほん》に行《い》くキャンディーとけんかをしたことは、一度《いちど》もありません。このとき、キャンディーが二才《にさい》で、クレオが一才半《いっさいはん》。

どちらかというと、甘《あま》えっ子《こ》のキャンディーと、クールでしっかりした感《かん》じのクレオとは、まるで仲《なか》のいい姉妹《しまい》のようです。

四匹《よんひき》の候補犬《こうほけん》の中《なか》から、もっとも集中力《しゅうちゅうりょく》があり、すぐれているとして選《えら》ばれたクレオとキャンディー。この二匹《にひき》には、これからずっといっしょに、日本《にほん》で仕事《しごと》をしてもらうことになります。

「クレオとキャンディーだったら、何《なん》の心配《しんぱい》もないわ。気《き》の合《あ》う姉妹《しまい》コンビで、いい仕事《しごと》をしてくれるはずよ」

帰国《きこく》の日《ひ》がせまると、ハンドラー仲間《なかま》のオーストラリア人《じん》たちが太鼓判《たいこばん》を押《お》してくれました。

「いよいよ、日本初《にほんはつ》の検疫探知犬《けんえきたんちけん》ハンドラーだね。オーストラリアから、みんなで応援《おうえん》していますよ」

みんなに励《はげ》まされ、浜名《はまな》さんと国分《こくぶん》さんは、クレオとキャンディーを一日《いちにち》も早《はや》く

オースティンさん（中央《ちゅうおう》）とハンロブの訓練所《くんれんじょ》のスタッフとともに。

日本《にほん》に連《つ》れて行《い》って活躍《かつやく》させたいと思《おも》いました。けれども、期待《きたい》に応《こた》えて、いい仕事《しごと》がしたいと思《おも》う一方《いっぽう》、日本初《にほんはつ》の検疫探知犬《けんえきたんちけん》のハンドラーとしての責任《せきにん》もひしひしと感《かん》じていました。

成田国際空港《なりたこくさいくうこう》は日本《にほん》の空《そら》の玄関口《げんかんぐち》

成田国際空港《なりたこくさいくうこう》は、一日《いちにち》に九万二千人《きゅうまんにせんにん》もの人《ひと》が利用《りよう》する、大《おお》きな国際空港《こくさいくうこう》です。四十ヵ国《よんじゅっかこく》、七十社《ななじゅっしゃ》におよぶ航空会社《こうくうがいしゃ》の路線《ろせん》は世界中《せかいじゅう》にはりめぐらされ、国際旅客便《こくさいりょかくびん》の一日《いちにち》の発着回数《はっちゃくかいすう》は、四百回《よんひゃっかい》に上《のぼ》ります。

飛行機《ひこうき》の離陸《りりく》や着陸《ちゃくりく》ができるのは、午前六時《ごぜんろくじ》から午後十一時《ごごじゅういちじ》までと決《き》められているので、単純《たんじゅん》に計算《けいさん》しても、二分半《にふんはん》ごとに飛行機《ひこうき》が離着陸《りちゃくりく》していることになります。とてつもない回数《かいすう》だということがわかるでしょう。

海外《かいがい》に出《で》かける人《ひと》は年《とし》ごとに増《ふ》えていて、学校《がっこう》の春休《はるやす》みや夏休《なつやす》みはもちろん、ゴールデンウィークや年末年始《ねんまつねんし》の長《なが》い休暇《きゅうか》になると、成田国際空港《なりたこくさいくうこう》には家族連《かぞくづ》れや団体《だんたい》客《きゃく》がどっと押《お》し寄《よ》せます。二〇〇五年度《ねんど》に成田国際空港《なりたこくさいくうこう》を使《つか》って出入国《しゅつにゅうこく》した人《ひと》は、およそ二千七百万人《にせんななひゃくまんにん》に上《のぼ》ります。

飛行機《ひこうき》に乗《の》ると、十時間《じゅうじかん》でアメリカのロサンゼルスへ、十二時間《じゅうにじかん》でイギリスのロンドンへ、そして、四時間半《よじかんはん》で香港《ホンコン》に行《い》くことができます。このように、いとも簡単《かんたん》に外国《がいこく》に行《い》けるのですから、日本《にほん》がアジアのはしの小《ちい》さな島国《しまぐに》であることなど、忘《わす》れてしまいがちです。

また、今《いま》では、食品《しょくひん》を輸入《ゆにゅう》したり輸出《ゆしゅつ》したりするのに、飛行機《ひこうき》は重要《じゅうよう》な輸送手段《ゆそうしゅだん》となりました。船《ふね》を使《つか》えば、大量《たいりょう》に、しかも安《やす》く運《はこ》べますが、肉《にく》や魚《さかな》は冷凍《れいとう》しなければなりません。それに比《くら》べ、飛行機《ひこうき》は短《みじか》い時間《じかん》で運《はこ》べるため、冷蔵《れいぞう》で鮮度《せんど》を保《たも》ったまま消費者《しょうひしゃ》に届《とど》けることができます。今後《こんご》、飛行機《ひこうき》の貨物便《かもつびん》はますます重宝《ちょうほう》されていくでしょう。

このように、人《ひと》や物《もの》の移動《いどう》が地球規模《ちきゅうきぼ》で、ごく普通《ふつう》に行《おこ》なわれています。成田国《なりたこく》際空港《さいくうこう》は日本《にほん》の空《そら》の玄関口《げんかんぐち》として、ますます飛行機《ひこうき》の発着回数《はっちゃくかいすう》が増《ふ》え、利用客《りようきゃく》も増《ふ》えていくに違《ちが》いありません。

けれども、その陰《かげ》で、予想《よそう》していなかったことが起《お》きている現実《げんじつ》にも、私《わたし》たちは目《め》を向《む》けなければなりません。

世界中《せかいじゅう》から、たくさんの旅行客《りょこうきゃく》が出入《ではい》りするにつれ、成田国際空港《なりたこくさいくうこう》のような国際《こくさい》空港《くうこう》は、さまざまな「病原体《びょうげんたい》」が入《はい》り込《こ》む場所《ばしょ》になりつつあります。

病原体《びょうげんたい》にはウイルス、寄生虫《きせいちゅう》、細菌《さいきん》などがあります。SARS《サーズ》（新型肺炎《しんがたはいえん》）、マラリア、ペスト、エボラ出血熱《しゅっけつねつ》、デング熱《ねつ》などの恐《おそ》ろしい感染症《かんせんしょう》が、国際空港《こくさいくうこう》を通《とお》り抜《ぬ》けて、国内《こくない》に広《ひろ》まる危険《きけん》が高《たか》まっているのです。

マラリアは、日本《にほん》ではあまりなじみがありませんが、世界中《せかいじゅう》で一年間《いちねんかん》に三億人以《さんおくにんい》上《じょう》が感染《かんせん》し、毎年百五十万人《まいとしひゃくごじゅうまんにん》から三百万人《さんびゃくまんにん》が死亡《しぼう》しています。アフリカや東南《とうなん》アジア、南《みなみ》アジアなどに多《おお》く、マラリア原虫《げんちゅう》という寄生虫《きせいちゅう》を宿《やど》している蚊《か》に刺《さ》されると感染《かんせん》します。日本《にほん》では毎年《まいとし》、百人《ひゃくにん》ほど患者《かんじゃ》が出《で》て、数人《すうにん》が命《いのち》を落《お》としていますが、いずれも旅先《たびさき》で感染《かんせん》し、日本《にほん》に帰国《きこく》してから発病《はつびょう》しているものです。

また、ペストは、ペスト菌《きん》という細菌《さいきん》を持《も》ったネズミについているノミに刺《さ》されて感染《かんせん》します。感染《かんせん》した人《ひと》のセキやクシャミといっしょにペスト菌《きん》が外《そと》に出《だ》され、これを吸《す》った人《ひと》も感染《かんせん》するため、数人《すうにん》の患者《かんじゃ》が日本《にほん》に入国《にゅうこく》しただけで、流行《りゅうこう》させてしまうことも考《かんが》えられます。

エボラ出血熱《しゅっけつねつ》は、アフリカの一部《いちぶ》の地域《ちいき》でときどき流行《りゅうこう》しています。エボラウイルスが病原体《びょうげんたい》で、死亡率《しぼうりつ》が高《たか》い感染病《かんせんびょう》ですが、その感染《かんせん》の仕方《しかた》はまだわかっていません。

このような人間《にんげん》がかかる病気《びょうき》を監視《かんし》し、国内《こくない》に入《はい》り込《こ》まないようにするのが、厚《こう》生労働省《せいろうどうしょう》の「検疫所《けんえきしょ》」の役目《やくめ》です。

たとえば、海外《かいがい》から日本《にほん》に入国《にゅうこく》する人《ひと》たちは、空港《くうこう》で必《かなら》ず最初《さいしょ》に「検疫《けんえき》カウンター」を通《とお》らなければなりません。

感染症《かんせんしょう》が流行《りゅうこう》している国《くに》から入国《にゅうこく》する人《ひと》は、飛行機《ひこうき》の中《なか》で配《くば》られた「検疫質問表《けんえきしつもんひょう》」に名前《なまえ》、滞在国《たいざいこく》、体《からだ》の具合《ぐあい》の悪《わる》いところなどを記入《きにゅう》し、この検疫《けんえき》カウンターに提出《ていしゅつ》することになっています。

検疫官《けんえきかん》は質問表《しつもんひょう》を見《み》て、感染症《かんせんしょう》にかかっているかどうか調《しら》べ、必要《ひつよう》な場合《ばあい》は、空港《くうこう》の健康相談室《けんこうそうだんしつ》でお医者《いしゃ》さんの診察《しんさつ》を受《う》けるようすすめます。

また、検疫所《けんえきしょ》では、感染症《かんせんしょう》を運《はこ》ぶネズミや蚊《か》が空港《くうこう》に入《はい》ってきていないかも調《しら》べています。成田国際空港《なりたこくさいくうこう》は東京《とうきょう》ドームの二百倍《にひゃくばい》の広《ひろ》さがありますが、その敷地《しきち》のあちこちにネズミのわなを仕掛《しか》けてつかまえたり、蚊《か》を採取《さいしゅ》したりしては、病原体《びょうげんたい》を運《はこ》んでいないか調《しら》べているのです。

飛行機《ひこうき》の貨物《かもつ》にまぎれ込《こ》んだネズミ、荷物《にもつ》を運《はこ》ぶときに貨物室《かもつしつ》に入《はい》り込《こ》んだ蚊《か》などが、飛行機《ひこうき》に乗《の》って何万《なんまん》キロも離《はな》れた国《くに》まで運《はこ》ばれ、そこで感染病《かんせんびょう》を引《ひ》き起《お》こしたケースがあるからです。

これまでつかまえたネズミや蚊《か》は、病原体《びょうげんたい》を持《も》っていませんでしたが、いつ恐《おそ》ろしい病原体《びょうげんたい》が国境《こっきょう》を越《こ》え、日本《にほん》に入《はい》ってくるかわかりません。

飛行機《ひこうき》や船《ふね》に乗《の》ってくる病原体《びょうげんたい》を防《ふせ》ぐため、全国《ぜんこく》の主《おも》な空港《くうこう》や港《みなと》に検疫所《けんえきしょ》が設《もう》けられ、日夜《にちや》働《はたら》いている人《ひと》たちがいるのです。

世界《せかい》にはびこる家畜伝染病《かちくでんせんびょう》

厚生労働省《こうせいろうどうしょう》の検疫所《けんえきしょ》は、人間《にんげん》がかかる病気《びょうき》に目《め》を光《ひか》らせ、国内《こくない》に入《はい》り込《こ》むのを防《ふせ》いでいますが、同《おな》じように、家畜《かちく》などの動物《どうぶつ》の病気《びょうき》を担当《たんとう》しているのが「動物検疫《どうぶつけんえき》所《しょ》」で、農産物《のうさんぶつ》など植物《しょくぶつ》の病気《びょうき》を担当《たんとう》しているのが「植物防疫所《しょくぶつぼうえきしょ》」です。「動物検《どうぶつけん》疫所《えきしょ》」も「植物防疫所《しょくぶつぼうえきしょ》」も、農林水産省《のうりんすいさんしょう》が取《と》り仕切《しき》っています。

日本《にほん》は周《まわ》りを海《うみ》に囲《かこ》まれた島国《しまぐに》ですが、飛行機《ひこうき》に乗《の》ると、ごく簡単《かんたん》に国境《こっきょう》を越《こ》えることができます。他《ほか》の国《くに》と離《はな》れていることで守《まも》られてきた動物《どうぶつ》や植物《しょくぶつ》が、外国《がいこく》から持《も》ち込《こ》まれた病原体《びょうげんたい》におびやかされる危険性《きけんせい》が高《たか》まっています。

BSE《ビーエスイー》（牛海綿状脳症《うしかいめんじょうのうしょう》）、鳥《とり》インフルエンザ、口蹄疫《こうていえき》などが世界的《せかいてき》に広《ひろ》がっていますが、その原因《げんいん》は、感染《かんせん》した動物《どうぶつ》や病原体《びょうげんたい》のついた肉製品《にくせいひん》などの持《も》ち込《こ》みによるのではないかとされています。

実際《じっさい》、二〇〇〇年《ねん》に韓国《かんこく》で発生《はっせい》した口蹄疫《こうていえき》は、検疫《けんえき》を受《う》けずに不正《ふせい》に持《も》ち込《こ》まれた肉製品《にくせいひん》が原因《げんいん》と見《み》られているのです。

これらの伝染病《でんせんびょう》は、いったん国内《こくない》に入《はい》り込《こ》むと、畜産業《ちくさんぎょう》に損害《そんがい》を与《あた》えるだけではなく、私《わたし》たちの生活《せいかつ》にも大《おお》きな影響《えいきょう》をおよぼします。

今《いま》、日本《にほん》は食料《しょくりょう》の約六割《やくろくわり》を外国《がいこく》から輸入《ゆにゅう》しています。毎日《まいにち》、たくさんの魚介類《ぎょかいるい》、肉類《にくるい》、野菜《やさい》や果物《くだもの》などが、飛行機《ひこうき》で日本《にほん》に運《はこ》ばれてきます。国内《こくない》では手《て》に入《はい》らないような、世界中《せかいじゅう》の珍《めずら》しい食《た》べ物《もの》が買《か》えるようになりました。

新鮮《しんせん》で安《やす》く、しかもおいしい食材《しょくざい》は、私《わたし》たちの食卓《しょくたく》に豊《ゆた》かないろどりを添《そ》えてくれますが、ときにはやっかいな問題《もんだい》を持《も》ち込《こ》むことがあるのです。

最近耳《さいきんみみ》にすることが多《おお》くなったBSE《ビーエスイー》（牛海綿状脳症《うしかいめんじょうのうしょう》）や鳥《とり》インフルエンザは、人間《にんげん》にもうつる危険性《きけんせい》があることがわかり、世界中《せかいじゅう》が大騒《おおさわ》ぎになりました。

BSE《ビーエスイー》（牛海綿状脳症《うしかいめんじょうのうしょう》）は一九八六年《ねん》にイギリスで見《み》つかりました。この病気《びょうき》は、牛《うし》の脳《のう》に小《ちい》さな穴《あな》があいてスポンジのようになり、体《からだ》がまひして死《し》んでしまう病気《びょうき》です。

一九九六年《ねん》、イギリスでは、十人《じゅうにん》の患者《かんじゃ》が「クロイツフェルト・ヤコブ病《びょう》」と診断《しんだん》され、牛《うし》の特定《とくてい》の内臓《ないぞう》を食《た》べたことに関連《かんれん》があるとされました。そのため、BSE《ビーエスイー》（牛海綿状脳症《うしかいめんじょうのうしょう》）がこれ以上広《いじょうひろ》まらないようにと、生後三十《せいごさんじゅっ》カ月《かげつ》を越《こ》える牛《うし》が処分《しょぶん》され、その数《かず》は八百万頭《はっぴゃくまんとう》にも達《たっ》しました。

もともと牛《うし》は草食《そうしょく》なので、草《くさ》しか食《た》べません。ところが、病気《びょうき》になった羊《ひつじ》や牛《うし》の肉《にく》や骨《ほね》をくだいて肉骨粉《にくこっぷん》というエサにして食《た》べさせたことが、病気《びょうき》の原因《げんいん》になったのではないかと考《かんが》えられています。

動物性《どうぶつせい》たんぱく質《しつ》の肉骨粉《にくこっぷん》が、乳牛《にゅうぎゅう》の乳《ちち》の出《で》をよくしたり、肉牛《にくぎゅう》を太《ふと》らせたりする効果《こうか》があるのではないかと、人間《にんげん》が勝手《かって》に考《かんが》えたのです。ＢＳＥ《ビーエスイー》（牛海綿状脳症《うしかいめんじょうのうしょう》）は、このような人間《にんげん》の愚《おろ》かな行《おこ》ないから生《う》まれたものと言《い》っても、言《い》い過《す》ぎではありません。

二〇〇一年九月《ねんくがつ》には、日本《にほん》でもＢＳＥ《ビーエスイー》（牛海綿状脳症《うしかいめんじょうのうしょう》）が見《み》つかりました。外国《がいこく》から輸入《ゆにゅう》した肉骨粉《にくこっぷん》を与《あた》えたのが原因《げんいん》ではないかとされましたが、このとき、国内《こくない》では牛肉《ぎゅうにく》がたちまち売《う》れなくなって、畜産農家《ちくさんのうか》は大打撃《だいだげき》を受《う》けました。

二〇〇三年十二月《ねんじゅうにがつ》には、アメリカでＢＳＥ《ビーエスイー》（牛海綿状脳症《うしかいめんじょうのうしょう》）が見《み》つかり、アメリカから牛肉《ぎゅうにく》を輸入《ゆにゅう》することが停止《ていし》されました。その後《ご》、二〇〇五年十二月《ねんじゅうにがつ》に、「輸入《ゆにゅう》するのは生後二十ヵ月齢以下《せいごにじゅっかげつれいいか》の若《わか》い牛《うし》だけ」「脳《のう》などの危険《きけん》な部分《ぶぶん》を取《と》りのぞいた牛肉《ぎゅうにく》だけ」という条件《じょうけん》で、輸入《ゆにゅう》が再開《さいかい》されました。

しかし、輸入《ゆにゅう》した肉《にく》の中《なか》に、危険《きけん》な部分《ぶぶん》が含《ふく》まれていることがわかり再停止《さいていし》され、その後《ご》、二〇〇六年七月《ねんしちがつ》に輸入《ゆにゅう》が再開《さいかい》されています。

こういったことから、BSE《ビーエスイー》（牛海綿状脳症《うしかいめんじょうのうしょう》）の発生《はっせい》した地域《ちいき》からの牛肉製品《ぎゅうにくせいひん》の輸入《ゆにゅう》は、厳《きび》しく規制《きせい》されることになりました。イギリス、ドイツはじめヨーロッパの国々《くにぐに》から、旅行客《りょこうきゃく》が牛肉製品《ぎゅうにくせいひん》を持《も》ち込《こ》むことは、一切《いっさい》できなくなったのです。

アメリカ産《さん》のビーフジャーキーは、日本人旅行客《にほんじんりょこうきゃく》が買《か》い求《もと》めるおみやげ品《ひん》として人気《にんき》があります。軽《かる》くてかさばらず、手頃《てごろ》な値段《ねだん》なので、大量《たいりょう》に買《か》い込《こ》む人《ひと》が多《おお》かったのです。けれども、BSE《ビーエスイー》（牛海綿状脳症《うしかいめんじょうのうしょう》）の感染《かんせん》を防《ふせ》ぐため、日本《にほん》へ持《も》ち込《こ》むことはできません。

ちなみに、オーストラリアやニュージーランドでは、これまでBSE《ビーエスイー》（牛海綿状《うしかいめんじょう》脳症《のうしょう》）の発生《はっせい》がありません。免税店《めんぜいてん》などでは、日本向《にほんむ》けに検査証明書《けんさしょうめいしょ》のついた製品《せいひん》が販売《はんばい》されており、きちんと届《とど》け出《で》をすれば、日本《にほん》への持《も》ち込《こ》みは許可《きょか》されています（二〇〇七年五月現在《ねんごがつげんざい》）。

一方《いっぽう》で、鳥《とり》インフルエンザの被害《ひがい》が、日本《にほん》をはじめとするアジアからヨーロッパにかけて広《ひろ》がっています。

そもそも、鳥《とり》インフルエンザは、鳥《とり》がかかるインフルエンザで、鳥《とり》インフルエンザウイルスによって起《お》きる病気《びょうき》です。ウイルスは、一《いち》ミリの一万分《いちまんぶん》の一《いち》という非常《ひじょう》に小《ちい》さなもので、特別《とくべつ》な顕微鏡《けんびきょう》でなければ見《み》ることができません。

ウイルスは、自分《じぶん》で仲間《なかま》を増《ふ》やすことができないので、鳥《とり》の細胞《さいぼう》にくっつき、その細胞《さいぼう》の中《なか》に入《はい》り込《こ》んで、仲間《なかま》を増《ふ》やしていきます。やがてその細胞《さいぼう》をこわして、別《べつ》の細胞《さいぼう》に取《と》りつくために散《ち》らばっていきます。仲間《なかま》を作《つく》るスピードが非常《ひじょう》に速《はや》く、一個《いっこ》のウイルスが、二十四時間《にじゅうよじかん》で百万個《ひゃくまんこ》にもなってしまいます。

二〇〇四年《ねん》に、山口県《やまぐちけん》や京都府《きょうとふ》で鳥《とり》インフルエンザが発生《はっせい》しましたが、日本国内《にほんこくない》で発生《はっせい》したのは七十九年《ななじゅうきゅうねん》ぶりでした。そのため、外国《がいこく》から飛《と》んできた渡《わた》り鳥《どり》によって、ウイルスが運《はこ》ばれてきたのが原因《げんいん》ではないかとされました。

今《いま》、東南《とうなん》アジアでは、鳥《とり》インフルエンザが人《ひと》にうつっています。もっとも心配《しんぱい》されているのは、これらのウイルスが変異《へんい》をくり返《かえ》すと、人《ひと》から人《ひと》へうつる新型《しんがた》のインフルエンザになるかもしれないということです。

もし、そうなれば、新《あたら》しいウイルスによる感染《かんせん》なので、次《つぎ》から次《つぎ》へと人《ひと》に感染《かんせん》し、世界中《せかいじゅう》に広《ひろ》まります。最悪《さいあく》の場合《ばあい》は、日本《にほん》で六十万人《ろくじゅうまんにん》もの死者《ししゃ》が出《で》るかもしれないとさえ言《い》われています。

鳥《とり》インフルエンザにかかった鶏《にわとり》の肉《にく》や卵《たまご》を食《た》べた人《ひと》に、このインフルエンザがうつるというわけではなく、これまで、そういう報告《ほうこく》もありません。けれども、肉《にく》や卵《たまご》が出荷《しゅっか》されたとき、もしウイルスがついていると、別《べつ》の場所《ばしょ》に運《はこ》ばれ、そこの鶏《にわとり》にうつる恐《おそ》れがあるというわけなのです。

鳥《とり》インフルエンザウイルスは熱《ねつ》に弱《よわ》いものの、冷蔵《れいぞう》されたり冷凍《れいとう》されたりした加《か》工食品《こうしょくひん》の中《なか》でも生《い》き続《つづ》けると言《い》われているので、非常《ひじょう》にやっかいなものなのです。

できる限《かぎ》りの対策《たいさく》をたてて、鳥《とり》インフルエンザの感染《かんせん》をくい止《と》めようと、各国《かっこく》とも検疫《けんえき》に力《ちから》を入《い》れ、鶏肉《とりにく》や卵《たまご》の輸入《ゆにゅう》などを規制《きせい》しています。

出動《しゅつどう》! クレオとキャンディー

日本《にほん》は四方《しほう》を海《うみ》に囲《かこ》まれた島国《しまぐに》でありながら、オーストラリアやニュージーランドなどに比《くら》べて、検疫《けんえき》はさほど厳《きび》しくはありません。旅行客《りょこうきゃく》の中《なか》には、野生生物《やせいせいぶつ》を密輸入《みつゆにゅう》したり、規制《きせい》されているものを違法《いほう》に持《も》ち込《こ》んだりする人《ひと》も多《おお》く、検疫《けんえき》についての意識《いしき》が高《たか》いとは言《い》えません。

けれども、BSE《ビーエスイー》（牛海綿状脳症《うしかいめんじょうのうしょう》）、鳥《とり》インフルエンザ、SARS《サーズ》（新型肺炎《しんがたはいえん》）などが世界的《せかいてき》に流行《りゅうこう》していることもあって、検疫《けんえき》に対《たい》する関心《かんしん》も高《たか》まりつつあります。

ところが、検疫《けんえき》の規則《きそく》について、まだ知《し》らない人《ひと》が少《すく》なくありません。持《も》ち込《こ》みが禁止《きんし》されている国《くに》から、肉製品《にくせいひん》をおみやげに買《か》って来《く》る人《ひと》がたくさんいるのです。

そこで、日本《にほん》でも、アメリカやカナダ、オーストラリアなどで活躍《かつやく》している検疫《けんえき》探知犬《たんちけん》を取《と》り入《い》れることになりました。その重要《じゅうよう》な仕事《しごと》をすることになったのが、浜名《はまな》さんとクレオ、そして、国分《こくぶん》さんとキャンディーのペアです。

二〇〇五年十二月十日《ねんじゅうにがつとおか》。

クレオとキャンディーが、飛行機《ひこうき》でシドニーから成田《なりた》へやって来《き》ました。長旅《ながたび》の疲《つか》れも見《み》せず、元気《げんき》そうな顔《かお》を見《み》せています。海外《かいがい》へ出《で》たのは初《はじ》めてですが、二カ月《にかげつ》いっしょに訓練《くんれん》を受《う》けた浜名《はまな》さんと国分《こくぶん》さん、そして、トレーナーのオースティンさんもいるので、何《なん》の不安《ふあん》も感《かん》じていないようです。

ただ、夏《なつ》のオーストラリアから冬《ふゆ》の日本《にほん》に来《き》たため、急《きゅう》な気温《きおん》の変化《へんか》に体調《たいちょう》をくずさないように、気《き》をつけてやらなければなりません。

さっそく次《つぎ》の日《ひ》から、新《あたら》しい環境《かんきょう》に慣《な》れるための訓練《くんれん》を始《はじ》めることになりました。

シドニーの訓練所《くんれんじょ》で覚《おぼ》えたことを、成田国際空港《なりたこくさいくうこう》でも同《おな》じようにできなくてはならないのです。

訓練用《くんれんよう》に設《もう》けられた部屋《へや》には、空港《くうこう》で使《つか》われているカートが置《お》かれ、スーツケースやかばんを積《つ》み込《こ》んで、においの探知訓練《たんちくんれん》が始《はじ》まりました。浜名《はまな》さんと国分《こくぶん》さんは制服《せいふく》に着替《きが》えて、本番《ほんばん》さながらに気合《きあ》いが入《はい》っています。

そんな二人《ふたり》の気持《きも》ちが通《つう》じるのか、クレオとキャンディーは、シドニーの訓練所《くんれんじょ》での動《うご》きとほとんど変《か》わりありません。動《うご》きもすばやく、ハンドラーの指示《しじ》に集中《しゅうちゅう》しています。

「グッド・ガール！　キャンディー」

「クレオ、グッド・ガール！」

浜名《はまな》さんと国分《こくぶん》さんの声《こえ》が部屋《へや》の中《なか》にひびきました。リワードをもらって、クレオもキャンディーもご機嫌《きげん》です。

日本初《にほんはつ》の検疫探知犬《けんえきたんちけん》デビューの日《ひ》。
大勢《おおぜい》のカメラマンに囲《かこ》まれるクレオとキャンディー。

十二月十二日《じゅうにがつじゅうににち》。

いよいよ、デビューの日《ひ》です。

手荷物引《てにもつひ》き取《と》り所《じょ》は、たくさんの旅《りょ》行客《こうきゃく》で込《こ》み合《あ》っています。オースティンさんは離《はな》れたところで、クレオとキャンディーのようすを見守《みまも》っています。でも、その顔《かお》は、少《すこ》しも心配《しんぱい》しているようには見《み》えません。

（クレオとキャンディーは、スケジュールの都合《つごう》で、シドニー空港《くうこう》での訓練《くんれん》ができなかったからなあ。この雰《ふん》囲気《いき》に慣《な》れるには、ちょっと時間《じかん》がか

かるかもしれないが、うまくやってくれるはずだ）

この日《ひ》が初仕事《はつしごと》ではあるものの、空港《くうこう》の雰囲気《ふんいき》に慣《な》れるためのリハーサルととらえ、オースティンさんはゆっくり構《かま》えていました。

クレオとキャンディーは水色《みずいろ》のベストを着《き》ています。ちょうど背中《せなか》に当《あ》たるところに、「動物検疫所《どうぶつけんえきしょ》」という文字《もじ》が目立《めだ》つように書《か》かれています。二匹《にひき》とも、早《はや》く仕事《しごと》がしたいとでも言《い》いたげに、しっぽをちぎれんばかりに振《ふ》っています。

浜名《はまな》さんはクレオを連《つ》れて、台湾《たいわん》からの乗客《じょうきゃく》が集《あつ》まったターンテーブルへ進《すす》みました。クレオは乗客《じょうきゃく》の間《あいだ》、荷物《にもつ》の間《あいだ》を、においをかぎながら進《すす》んで行《い》きます。大勢《おおぜい》の人《ひと》のにおい、数《かぞ》えきれないほどの荷物《にもつ》のにおい、さまざまな音《おと》のする税関《ぜいかん》フロアで、クレオは堂々《どうどう》と歩《ある》き、集中《しゅうちゅう》しています。

数分後《すうふんご》、たくさんの荷物《にもつ》が積《つ》まれたカートの横《よこ》を通《とお》ったとき、クレオがその足《あし》を止《と》めました。クンクンと鼻先《はなさき》を荷物《にもつ》に近《ちか》づけたかと思《おも》うと、カートの前《まえ》にさっとおすわりをしたのです。そして、訴《うった》えるような目《め》で浜名《はまな》さんの顔《かお》を見上《みあ》げました。

（ねえ、見《み》つけたよ。ここだよ、においがするよ）

クレオの澄《す》んだ茶色《ちゃいろ》の目《め》は、明《あき》らかに浜名《はまな》さんに合図《あいず》を送《おく》っています。

「失礼《しつれい》ですが、何《なに》か、食《た》べ物《もの》をお持《も》ちではないでしょうか。検疫探知犬《けんえきたんちけん》が、お客様《きゃくさま》の荷物《にもつ》に反応《はんのう》しています」

荷物《にもつ》の持《も》ち主《ぬし》に聞《き》いたところ、かばんの中《なか》に小籠包《ショウロンポウ》が入《はい》っていることがわかりました。これは中華料理《ちゅうかりょうり》の肉《にく》まんで、中《なか》に豚肉《ぶたにく》が入《はい》っています。

「グッド！　グッド・ガール、クレオ！（いい子《こ》だ、よくやった）」

クレオの首《くび》を手《て》のひらでなでながら、「えらいぞ！」と何度《なんど》もほめ、リワードをやりました。クレオはそれを一飲《ひとの》みすると、満足《まんぞく》そうな顔《かお》になりました。うれしくて、たまらないといった表情《ひょうじょう》です。

浜名《はまな》さんはこのお手柄《てがら》に顔《かお》がほころび、一段《いちだん》と大《おお》きな声《こえ》で次《つぎ》の指示《しじ》を出《だ》しました。

「クレオ、ファインド（探《さが》せ）」

クレオはやる気《き》をみなぎらせて、次《つぎ》のカートに向《む》かいました。

「クレオもキャンディーも、よく動《うご》いていましたが、ひょっとしたら、君《きみ》たちのほうが緊張《きんちょう》していたのではありませんか。犬《いぬ》にはいつでも、ハンドラーの気持《きも》ちが伝《つた》わっています。だから、ハンドラーが緊張《きんちょう》すると、犬《いぬ》もなんだか落《お》ち着《つ》かない。まずは、気負《きお》うことなく、リラックスすることが大事《だいじ》ですよ」

オースティンさんが、一日目《いちにちめ》の仕事《しごと》を終《お》えてもどった浜名《はまな》さんと国分《こくぶん》さんに、にこやかに声《こえ》をかけました。

「大勢《おおぜい》のお客《きゃく》さんの前《まえ》で、やっぱり緊張《きんちょう》してしまいました。キャンディーが税関《ぜいかん》フロアの雰囲気《ふんいき》にのまれてしまうのではないかと心配《しんぱい》でしたが、問題《もんだい》はぼくたちのほうでしたね。そうか…キャンディーはぼくの気持《きも》ちがお見通《みとお》しなんだもんなあ……」

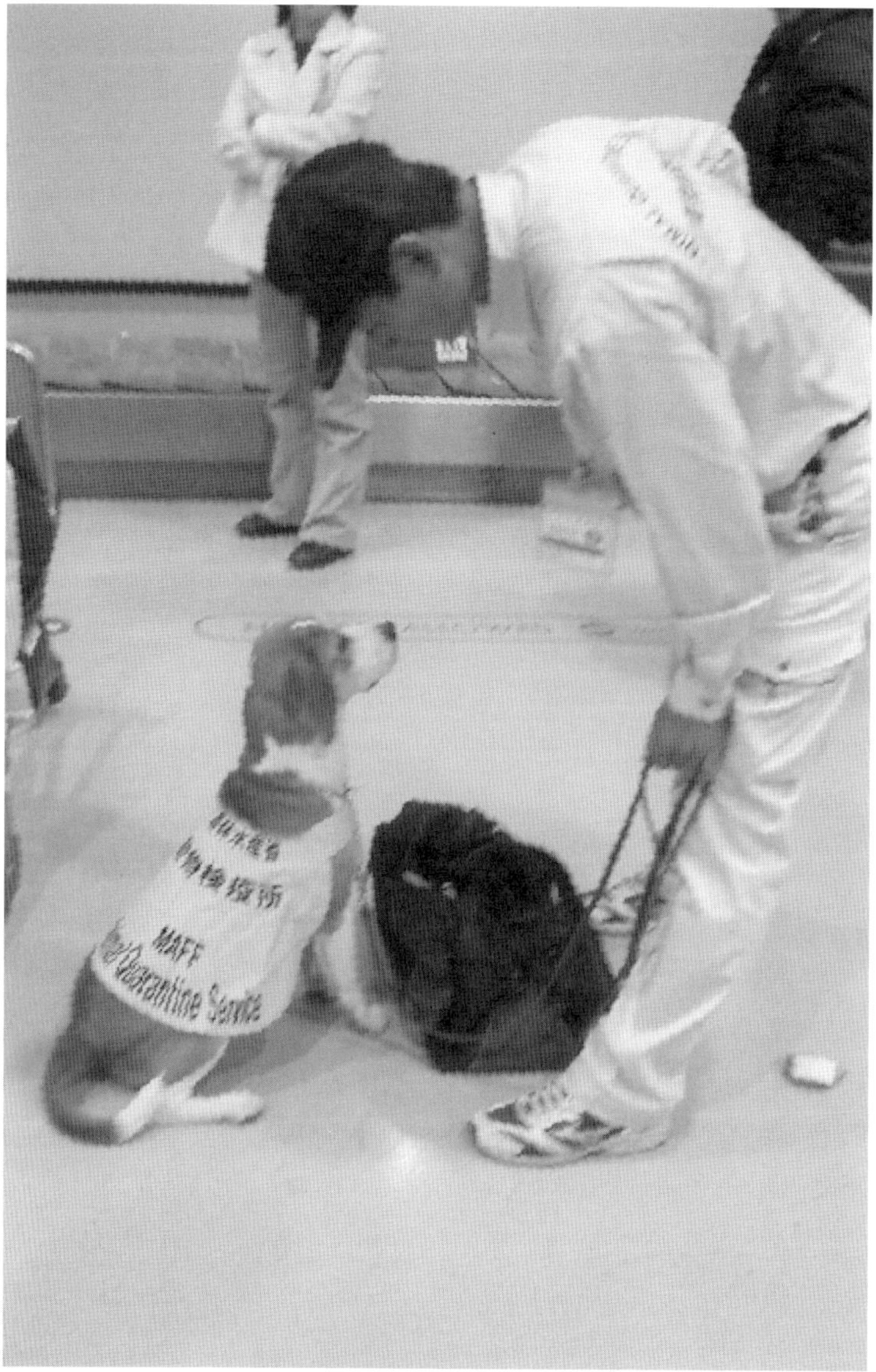

実際《じっさい》の現場《げんば》で訓練《くんれん》を積《つ》むクレオ。

国分《こくぶん》さんがキャンディーの体《からだ》をだきしめながら言《い》いました。

この日《ひ》、キャンディーが担当《たんとう》した飛行機《ひこうき》の荷物《にもつ》からは、肉製品《にくせいひん》が見《み》つかりませんでしたが、次《つぎ》の日《ひ》、グアム島《とう》からの飛行機《ひこうき》の荷物《にもつ》の中《なか》に、ビーフジャーキーを探《さが》し当《あ》てることができました。

キャンディーがクレオに続《つづ》いて、きちんと訓練《くんれん》の成果《せいか》が出《だ》せたことに、国分《こくぶん》さんはほっと胸《むね》をなでおろしました。

「ようし、でかしたぞ、キャンディー」

国分《こくぶん》さんの喜《よろこ》ぶ顔《かお》を見《み》て、キャンディーもうれしそうにしっぽを振《ふ》りました。

オースティンさんは十日《とおか》ほど滞在《たいざい》し、検疫探知犬《けんえきたんちけん》にとって仕事《しごと》をする環境《かんきょう》が整《ととの》っているか、また、クレオとキャンディーの仕事《しごと》をするようす、しぐさ、表情《ひょうじょう》などをつぶさに見守《みまも》りました。

長年《ながねん》の経験《けいけん》から、オースティンさんは、犬《いぬ》の行動《こうどう》や表情《ひょうじょう》を見《み》て、緊張《きんちょう》しているのか喜《よろこ》んで働《はたら》いているのか、仕事《しごと》に満足《まんぞく》しているのか、ほとんどわかるようでした。

クレオもキャンディーも、浜名《はまな》さんと国分《こくぶん》さんと息《いき》を合《あ》わせようとし、訓練《くんれん》のときと同《おな》じように仕事《しごと》をしています。二人《ふたり》の指示《しじ》に従《したが》って、成田国際空港《なりたこくさいくうこう》の税関《ぜいかん》フロアをさっそうと歩《ある》いている姿《すがた》は、何《なん》とも頼《たの》もしい限《かぎ》りです。

（ようし、だいじょうぶ。もう、自分《じぶん》たちの役目《やくめ》がわかっているみたいだ。みんなの期待《きたい》する気持《きも》ちが伝《つた》わっているんだな）

二匹《にひき》の動《うご》きを見《み》つめて、オースティンさんの表情《ひょうじょう》も和《やわ》らいでいます。

「もう、二人《ふたり》とも、心配《しんぱい》ありませんよ。自信《じしん》を持《も》って、クレオとキャンディーをリードしていってください。検疫探知犬《けんえきたんちけん》ががんばれるかどうかは、君《きみ》たち二人《ふたり》のやりかた次第《しだい》です。でも、もう教《おし》えられることは、すべて教《おし》えました。あとは、パートナーシップですが、これは毎日《まいにち》の世話《せわ》や仕事《しごと》を通《つう》じて、いっしょに作《つく》り上《あ》げていくものです。とにかく、毎日《まいにち》、元気《げんき》に楽《たの》しく仕事《しごと》をしていくのが一番《いちばん》ですよ」

検疫探知犬《けんえきたんちけん》の名《めい》トレーナーのオースティンさんから、お墨《すみ》つきの言葉《ことば》をもらい、浜名《はまな》さんと国分《こくぶん》さんは、感謝《かんしゃ》の気持《きも》ちでいっぱいでした。

「いろいろお世話《せわ》になりました」

「長《なが》い間《あいだ》、指導《しどう》していただき、どうもありがとうございました」

オースティンさんは、シドニーの訓練所《くんれんじょ》に二人《ふたり》を迎《むか》え、二ヵ月《にかげつ》もの時間《じかん》をかけて、じっくりと指導《しどう》してくれました。英語《えいご》があまり得意《とくい》ではない二人《ふたり》を、温《あたた》かい目《め》で見《み》守《まも》ってくれました。ハンドラーとしての技術《ぎじゅつ》や心構《こころがま》えなどを、親身《しんみ》になって教《おし》えてくれたオースティンさんには、どんなに感謝《かんしゃ》してもしきれないように思《おも》いました。

これからは、クレオとキャンディーといっしょに経験《けいけん》を積《つ》み、一生懸命《いっしょうけんめい》に仕事《しごと》をすることで恩返《おんがえ》しをするしかありません。

オースティンさんは、クレオとキャンディーをしっかり抱《だ》きしめて、最後《さいご》の別《わか》れ

税関《ぜいかん》フロアで、オースティンさんといっしょに。

を惜《お》しんでいます。これまでも、手《て》がけた検疫探知犬《けんえきたんちけん》を何匹《なんびき》も海外《かいがい》に送《おく》ってきました。トレーナーの仕事《しごと》が認《みと》められるのはうれしいことですが、いつだって、別《わか》れるときはつらくなります。

（クレオ、キャンディー。いいか、しっかり仕事《しごと》をして、日本《にほん》を守《まも》るんだぞ。元気《げんき》でな……）

オースティンさんは浜名《はまな》さんと国分《こくぶん》さんに二匹《にひき》を託《たく》し、シドニーに帰《かえ》って行《い》きました。

がんばれ！　クレオとキャンディー

二〇〇六年三月《ねんさんがつ》。

季節《きせつ》は冬《ふゆ》から、うららかな春《はる》にうつりました。

浜名《はまな》さんと国分《こくぶん》さんは、朝早《あさはや》くクレオとキャンディーに散歩《さんぽ》をさせるのが日課《にっか》です。犬舎《けんしゃ》に迎《むか》えに行《い》くと、二匹《にひき》ともしっぽをちぎれんばかりに振《ふ》って喜《よろこ》びます。

「おはよう、クレオ。今日《きょう》も元気《げんき》そうだな」

「キャンディー、さあ、散歩《さんぽ》に行《い》くよ」

犬舎《けんしゃ》の周《まわ》りの道路《どうろ》を散歩《さんぽ》して帰《かえ》ってくると、犬舎《けんしゃ》の横《よこ》にある運動場《うんどうじょう》で軽《かる》く運動《うんどう》させます。十分《じゅうぶん》に睡眠《すいみん》をとった後《あと》の、朝一番《あさいちばん》の運動《うんどう》です。春《はる》のやわらかい日《ひ》ざしを浴《あ》びながら、クレオもキャンディーもうれしそうに走《はし》り回《まわ》っています。

運動《うんどう》が終《お》わると、次《つぎ》はブラッシング。首《くび》から胴《どう》へとブラシをかけてやると、クレオとキャンディーは体《からだ》を預《あず》け、気持《きも》ちよさそうにじっとしています。ビーグル犬《けん》の毛《け》は短《みじか》くて、手入《てい》れはむずかしくありませんが、毛《け》づやをよくし、血《ち》の流《なが》れをよくするためにも、ていねいにブラシをかけてやります。

クレオとキャンディーが検疫探知犬《けんえきたんちけん》としての能力《のうりょく》を発揮《はっき》するためには、毎日《まいにち》の体調管理《たいちょうかんり》がもっとも大事《だいじ》になります。どこか具合《ぐあい》が悪《わる》ければ、スムーズに動《うご》くこともできないし、鼻《はな》もきかなくなってしまいます。自慢《じまん》の鼻《はな》が使《つか》えないのでは、探知作業《たんちさぎょう》はできません。

朝《あさ》のこの時間《じかん》は、クレオとキャンディーの体調《たいちょう》に変化《へんか》がないか注意《ちゅうい》をはらい、また、厳《きび》しい仕事場《しごとば》に向《む》かう前《まえ》の、大切《たいせつ》なふれあいのひとときなのです。

「一番近《いちばんちか》くにいるのは、われわれ二人《ふたり》。クレオとキャンデイーが病気《びょうき》をしたり、けがをしたら、すぐに気《き》づいてやらなければならない」

二匹《にひき》の体調管理《たいちょうかんり》から世話《せわ》まで、すべて任《まか》せられている二人《ふたり》は、ハンドラーとしても、そして、もっとも親《した》しいパートナーとしても、大《おお》きな責任《せきにん》がありました。

犬舎《けんしゃ》の掃除《そうじ》を済《す》ませたら、クレオとキャンディーを専用車《せんようしゃ》に乗《の》せ、空港《くうこう》の敷地内《しきちない》の道路《どうろ》を通《とお》り、滑走路《かっそうろ》を横切《よこぎ》ってターミナルビルに向《む》かいます。この間《あいだ》にも、離陸《りりく》するジェット機《き》の耳《みみ》をつんざくような音《おと》が聞《き》こえてきます。青《あお》い空《そら》のかなたに、見《み》る見《み》る飛行機《ひこうき》が小《ちい》さくなっていきました。

人間《にんげん》にとっても、かなりの騒音《そうおん》なのですから、耳《みみ》のいい犬《いぬ》にとって、どれだけ大《おお》きく聞《き》こえているのでしょう。けれども、クレオもキャンディーも、平気《へいき》な顔《かお》をしています。飛行機《ひこうき》の音《おと》が気《き》になるようでは、空港《くうこう》を仕事場《しごとば》とする検疫探知犬《けんえきたんちけん》とは言《い》えません。

到着《とうちゃく》ロビーに着《つ》くと、検疫《けんえき》の仕事《しごと》が始《はじ》まる時間《じかん》まで、税関《ぜいかん》フロアの片《かた》すみにある

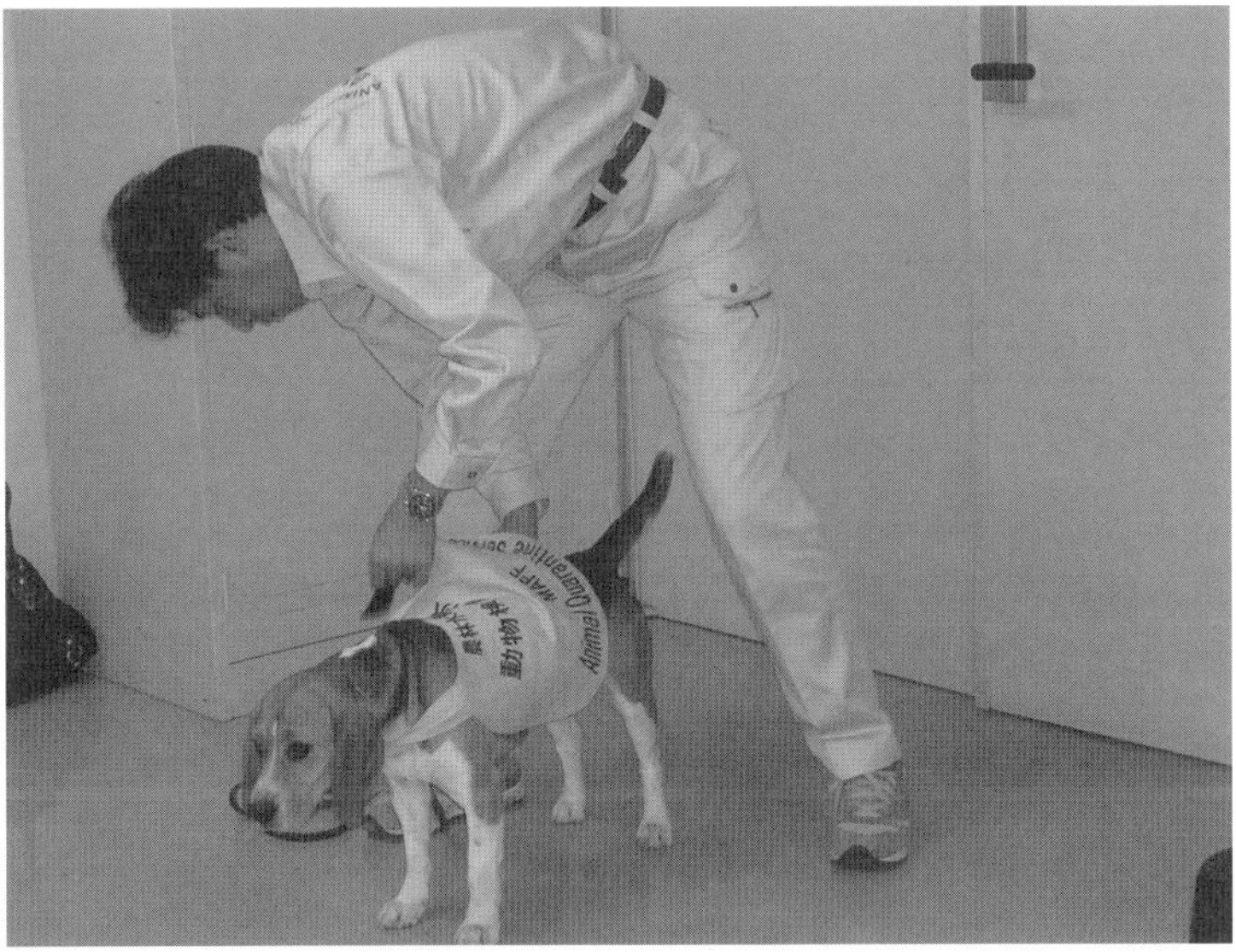

国分《こくぶん》さんにベストを着《き》せてもらうキャンディー。

部屋《へや》で待《ま》ちます。二匹《にひき》の集中《しゅうちゅう》できる時《じ》間《かん》は限《かぎ》られているため、税関《ぜいかん》フロアに出《で》ずっぱりにさせるわけにはいきません。税関《ぜいかん》とも相談《そうだん》して、この日《ひ》に出動《しゅつどう》する飛行機《ひこうき》の便名《びんめい》を確認《かくにん》します。

そして、手荷物引《てにもつひ》き取《と》り所《じょ》に荷物《にもつ》がもっとも多《おお》くあるときに、動物検疫所《どうぶつけんえきしょ》の係官《かかりかん》がタイミングを見計《みはか》らって、ハンドラーに知《し》らせてくれるのです。

「さあ、そろそろ仕事《しごと》だぞ。今日《きょう》もがんばろうな」

国分《こくぶん》さんがキャンディーに水色《みずいろ》のべ

ストを着《き》せました。これを着《き》ると、キャンディーは、これから仕事《しごと》が始《はじ》まるのだということがわかります。まるで、ベストを着《き》せられるのを待《ま》っていたかのように、その顔《かお》は一瞬《いっしゅん》にしてきりっとした表情《ひょうじょう》になり、全身《ぜんしん》にやる気《き》がみなぎってきます。

「キャンディー、出動《しゅつどう》だ！」

この日《ひ》の最初《さいしょ》の出動《しゅつどう》は、東南《とうなん》アジアからの飛行機便《ひこうきびん》。東南《とうなん》アジアの国々《くにぐに》は、物価《ぶっか》が日本《にほん》よりはるかに安《やす》いので、日本《にほん》へのおみやげに肉製品《にくせいひん》を買《か》って来《く》る人《ひと》が少《すく》なくありません。

国分《こくぶん》さんに連《つ》れられたキャンディーが、カートのわきを次々《つぎつぎ》にすりぬけて行《い》きます。ふと、キャンディーが立《た》ち止《ど》まり、鼻《はな》をクンクンさせたかと思《おも》うと、カートの横《よこ》におすわりをしました。キャンディーの鋭《するど》い鼻《はな》が、においをかぎあてたのです。

（よし、これだな。わかったよ、キャンディー）

国分《こくぶん》さんはキャンディーの反応《はんのう》をしっかり受《う》けとめました。

「失礼《しつれい》ですが、何《なに》か食《た》べ物《もの》をお持《も》ちではありませんか」

国分《こくぶん》さんがたずねると、荷物《にもつ》の持《も》ち主《ぬし》がいぶかしげな顔《かお》をしました。

「何《なん》ですか、この犬《いぬ》は。麻薬《まやく》なんか持《も》っていませんよ」

びっくりした表情《ひょうじょう》で、まくしたてます。キャンディーを麻薬探知犬《まやくたんちけん》だと勘違《かんちが》いしたようです。

「いいえ、麻薬探知犬《まやくたんちけん》ではなくて、この犬《いぬ》は検疫探知犬《けんえきたんちけん》です。肉製品《にくせいひん》を探知《たんち》する犬《いぬ》なんです。失礼《しつれい》ですが、この犬《いぬ》がお客様《きゃくさま》の荷物《にもつ》に反応《はんのう》しています。何《なに》か食《た》べ物《もの》をお持《も》ちではないでしょうか」

国分《こくぶん》さんは毅然《きぜん》とした態度《たいど》で説明《せつめい》します。そばにいた動物検疫《どうぶつけんえき》の係官《かかりかん》が近《ちか》づきました。

ハンドラーと検疫探知犬《けんえきたんちけん》には、必《かなら》ず補助《ほじょ》の係官《かかりかん》がつきます。乗客《じょうきゃく》とのやりとりが長《なが》くなると、検疫探知犬《けんえきたんちけん》は次《つぎ》の作業《さぎょう》に進《すす》めません。そこで、少《すこ》し離《はな》れたところから見《み》ていて、反応《はんのう》があった場合《ばあい》は、すぐに手伝《てつだ》いに入《はい》るのです。けれども、肉製品《にくせいひん》があるのかどうかわからないと、キャンディーにリワードをやっていいのかどうかもわかりません。

少《すこ》し時間《じかん》がかかりそうです。国分《こくぶん》さんはリードを引《ひ》き寄《よ》せ、キャンディーの首《くび》をなでて、落《お》ち着《つ》かせました。

（ねえ、見《み》つけたのよ？　リワードはまだ？　ねえ、まだなの？）

キャンディーはしきりに、ねだるような目《め》で国分《こくぶん》さんを見《み》つめています。リワードにもらえるエサは、ラム肉《にく》が入《はい》った、半分生《はんぶんなま》のようなドッグフードで、犬舎《けんしゃ》で食《た》べるエサとは違《ちが》います。一飲《ひとの》みできるほど小《ちい》さなものですが、味《あじ》も感触《かんしょく》もよく、犬《いぬ》にとっては最高《さいこう》のごちそう。キャンディーは、それがほしくてたまりません。

係官《かかりかん》が肉製品《にくせいひん》の検疫《けんえき》について説明《せつめい》しながら何度《なんど》もたずねると、ようやく荷物《にもつ》の持《も》ち主《ぬし》がかばんを開《あ》けました。そこには、中華料理《ちゅうかりょうり》に使《つか》う「豚足《とんそく》」がビニール袋《ぶくろ》に包《つつ》まれて入《はい》っていました。袋《ふくろ》で何重《なんじゅう》にもくるんでいましたが、キャンディーがそのにおいをのがすことはありませんでした。

荷物《にもつ》の持《も》ち主《ぬし》は顔《かお》を赤《あか》くしながら、係官《かかりかん》の後《あと》について、動物検疫《どうぶつけんえき》カウンターに向《む》かいました。どんなに検査《けんさ》を拒《こば》もうとしても、犬《いぬ》の鼻《はな》をごまかすことはできませんでした。

「キャンディー、グッド・ガール！」

国分《こくぶん》さんはリワードを、キャンディーの口《くち》に入《い》れてやりました。

キャンディーは、「ほ～ら、あったでしょ」と言《い》わんばかりに、しっぽを振《ふ》って応《こた》えました。

（わかってる、わかってる。キャンディーはおりこうさん）

国分《こくぶん》さんは目《め》で返事《へんじ》をして、ほめてやります。

　このように、リワードをもらえるまでに時間《じかん》がかかることもありますが、判断《はんだん》が正《ただ》しかったのかどうかは、はっきりさせなくてはなりません。

もし、ここでリワードを与《あた》えなければ、キャンディーは、「あれっ、肉《にく》のにおいがして、おすわりをしたのに、何《なに》もくれなかった。これは、無視《むし》したほうがいいものだったんだ」と思《おも》うでしょう。一度《いちど》そう思《おも》い込《こ》んだら、このにおいには、もう反《はん》応《のう》しないかもしれません。

　クレオとキャンディーに能力《のうりょく》を発揮《はっき》してもらうためには、ハンドラーと検疫《けんえき》の係《かかり》官《かん》との連携《れんけい》も欠《か》かせないのです。

「わあ、かわいい。ビーグルよ！」

若《わか》い女性《じょせい》が目《め》ざとくクレオを見《み》つけるやいなや近寄《ちかよ》り、クレオの体《からだ》をなで始《はじ》めました。それに気《き》づいた近《ちか》くの人《ひと》たちもいっせいに目《め》を向《む》けました。

「えっ、何《なん》なの？　犬《いぬ》がいる……」

クレオは行《ゆ》く手《て》をはばまれ、大勢《おおぜい》の人《ひと》の視線《しせん》を感《かん》じ、とまどっています。

「すみませんが、今《いま》、この犬《いぬ》は検疫探知犬《けんえきたんちけん》として仕事《しごと》をしているところですので……」

「あっ、すみません。あんまりかわいいので……」

浜名《はまな》さんが小声《こごえ》で注意《ちゅうい》すると、クレオの体《からだ》にさわっていた女性《じょせい》が、恥《は》ずかしそうに立《た》ち上《あ》がりました。通《とお》れるようにどいてくれたものの、クレオの集中力《しゅうちゅうりょく》はすっかり途切《とぎ》れてしまいました。

このように、見知《みし》らぬ人《ひと》に話《はな》しかけられたり、体《からだ》をなでられたりすると、仕事《しごと》ができなくなります。検疫探知犬《けんえきたんちけん》だということがわかって、遠《とお》くから見守《みまも》ってくれる人《ひと》も増《ふ》えましたが、まだまだ知《し》らない人《ひと》も少《すく》なくありません。

ときには、クレオとキャンディーの姿《すがた》を見《み》つけ、カメラを向《む》ける人《ひと》もいます。べストを着《き》たビーグル犬《けん》が珍《めずら》しいのでしょう。けれども、もともと税関《ぜいかん》フロアは、写《しゃ》真撮影《しんさつえい》が禁《きん》じられている場所《ばしょ》なので、検疫探知犬《けんえきたんちけん》の写真《しゃしん》を撮《と》ることも許《ゆる》されてはいません。

話《はな》しかけたりなでたりする人《ひと》は、もともと犬《いぬ》が好《す》きな人《ひと》たちなので、係官《かかりかん》の説明《せつめい》に納得《なっとく》するとハンドラーの注意《ちゅうい》に応《おう》じてくれ、特《とく》に問題《もんだい》になるようなことはありません。

クレオとキャンディーは、成田国際空港《なりたこくさいくうこう》で仕事《しごと》を始《はじ》めてから三《さん》ヵ月間《かげつかん》で、二百七十一件《にひゃくななじゅういっけん》の肉製品《にくせいひん》を見《み》つけ、その総量《そうりょう》は四百七十四《よんひゃくななじゅうよん》キログラムでした。また、半年間《はんとしかん》では八百九十二件《はっぴゃくきゅうじゅうにけん》で、総量《そうりょう》は千六百二十四《せんろっぴゃくにじゅうよん》キログラムという集計《しゅうけい》が出《で》ました。

浜名《はまな》さんと国分《こくぶん》さんの上司《じょうし》にあたる、動物検疫所成田支所検疫第二課《どうぶつけんえきしょなりたししょけんえきだいにか》の永長浩樹《ながおさひろき》課長《かちょう》は、月別《つきべつ》の集計表《しゅうけいひょう》を見《み》て、目《め》を細《ほそ》めて言《い》いました。

「こんなに早《はや》く実績《じっせき》を出《だ》せるとは、正直《しょうじき》、びっくりしましたよ。それに、最初《さいしょ》の三《さん》カ月《かげつ》よりも、その後《あと》の三《さん》カ月《かげつ》は、発見《はっけん》する回数《かいすう》が飛躍的《ひやくてき》に伸《の》びていますね。環境《かんきょう》になじみ、ハンドラーとの呼吸《こきゅう》が合《あ》ってきているということでしょう。みんな、期《き》待《たい》していますよ。がんばってください」

クレオとキャンディーの仕事《しごと》ぶりは、動物検疫《どうぶつけんえき》に携《たずさ》わる人《ひと》だけではなく、空港《くうこう》で働《はたら》くさまざまな仕事《しごと》の人《ひと》たちにも知《し》られるようになりました。

「クレオとキャンディーは、日本《にほん》に持《も》ち込《こ》めない肉製品《にくせいひん》をどんどん見《み》つけてくれる。まったく、頭《あたま》が下《さ》がるよ……」

「毎日《まいにち》、手柄《てがら》を立《た》てているんだって。さすがプロの検疫探知犬《けんえきたんちけん》だね」

その活躍《かつやく》ぶりには、だれもが目《め》を見《み》はるばかりでした。

「ワンちゃんたちは元気《げんき》かい？」

浜名《はまな》さんと国分《こくぶん》さんは、声《こえ》をかけられることが増《ふ》えました。クレオとキャンディーがいるだけで、その場《ば》がほのぼのとした雰囲気《ふんいき》に包《つつ》まれます。検疫探知犬《けんえきたんちけん》として活《かつ》躍《やく》するだけではなく、そのかわいい姿《すがた》は、みんなを和《なご》ませてくれます。

「二匹《にひき》の姿《すがた》を見《み》ているだけで、疲《つか》れがほぐれる気《き》がするね」

朝《あさ》から晩《ばん》まで、忙《いそが》しく厳《きび》しい仕事《しごと》をしている人《ひと》たちの間《あいだ》で、クレオとキャンディーは、いつのまにか人気者《にんきもの》となっていました。

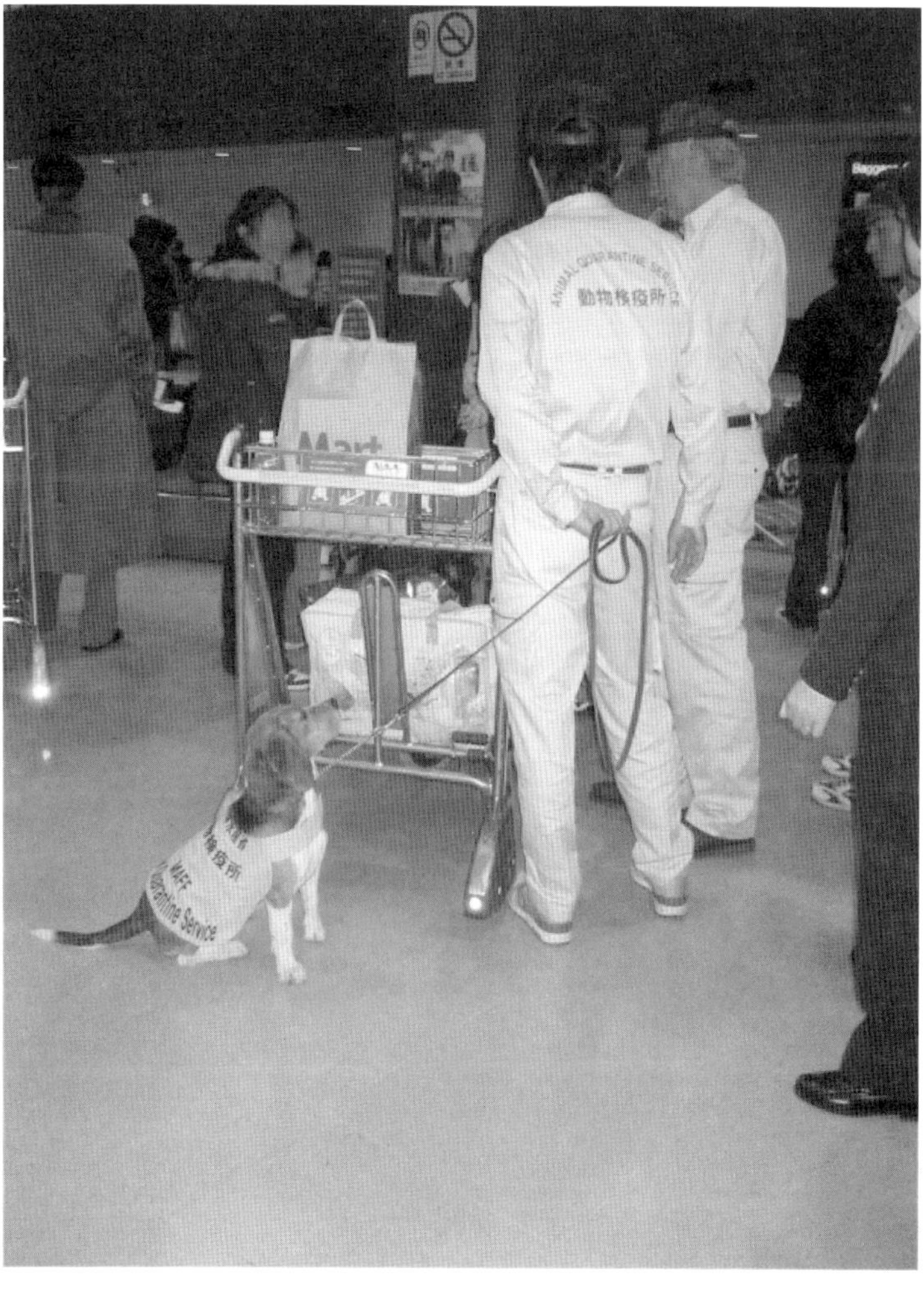

においを探《さが》して集中《しゅうちゅう》するキャンディーの顔《かお》は真剣《しんけん》そのもの。

クレオとキャンディーの役割《やくわり》

「さあ、キャンディー、今日《きょう》の仕事《しごと》は終《お》わりだ」

「クレオ、ご苦労《くろう》さん。そろそろ帰《かえ》るとしよう」

一日《いちにち》の仕事《しごと》がようやく終《お》わりました。

クレオとキャンディーは、十五分《じゅうごふん》ほどの出動《しゅつどう》を終《お》えるたびに、控《ひか》えの部屋《へや》で休《やす》ませてもらえます。集中力《しゅうちゅうりょく》を保《たも》って仕事《しごと》に打《う》ち込《こ》めるよう、休《やす》みが取《と》られているのです。

浜名《はまな》さんと国分《こくぶん》さんは、休《やす》み時間《じかん》にウトウトする二匹《にひき》の姿《すがた》を見《み》て、ストレスがたまらないように、できるだけ気《き》を配《くば》るようにしていました。

仕事着《しごとぎ》のベストをぬがされ、専用車《せんようしゃ》に向《む》かうまでに、クレオとキャンディーの顔《かお》はすっかりリラックスした表情《ひょうじょう》になります。これから犬舎《けんしゃ》に帰《かえ》れることがわかっているのです。

犬舎《けんしゃ》に着《つ》くと、まずはお決《き》まりのコースの散歩《さんぽ》をします。トイレを済《す》ませ、体《からだ》に異常《いじょう》がないか調《しら》べられた後《あと》は、待《ま》ちに待《ま》ったエサの時間《じかん》となります。クレオもキャンディーも、しっぽをビュンビュン振《ふ》っています。

リードを外《はず》されたクレオとキャンディーは、おいしいエサをたっぷりと食《た》べ、満足《まんぞく》そうです。もう、普通《ふつう》の犬《いぬ》と変《か》わりはありません。浜名《はまな》さんと国分《こくぶん》さんにすっかり甘《あま》え、体《からだ》をなでてもらって、うれしそうなまなざしを向《む》けています。

キャンディーは安心《あんしん》したように体《からだ》をころがし、四本《よんほん》の足《あし》を宙《ちゅう》に浮《う》かせています。

「おやおや、甘《あま》えっ子《こ》だなあ、キャンディーは」

キャンディーをいとおしそうに見《み》つめ、お腹《なか》をなでてやる国分《こくぶん》さん。そのお返《かえ》しに、国分《こくぶん》さんの顔《かお》をなめようとするキャンディー。お互《たが》いに仕事《しごと》の緊張《きんちょう》がほぐれて、すっかりくつろいでいます。

二匹《にひき》の首《くび》から外《はず》した茶色《ちゃいろ》のリードを、浜名《はまな》さんが犬舎《けんしゃ》の玄関口《げんかんぐち》のフックにかけました。このリードは、オースティンさんがクレオとキャンディーにプレゼントしてくれたもので、カンガルーの皮《かわ》でできています。使《つか》うにつれて、だんだんやわらかくなって手《て》になじみ、皮《かわ》の光沢《こうたく》が出《で》てきました。

成田国際空港《なりたこくさいくうこう》に二匹《にひき》を連《つ》れて来《き》てから、半年《はんとし》あまり。けれども、もっともっと時《じ》間《かん》が経《た》っているような気《き》がしてなりません。毎日《まいにち》が忙《いそが》しく、一日《いちにち》があっという間《ま》に過《す》ぎるからでしょうか。

(はるばる、オーストラリアから来《き》たんだよなあ……)

このカンガルーの皮《かわ》のリードをじっと見《み》ていると、八ヵ月前《はっかげつまえ》の出会《であ》いが、昨日《きのう》のことのように思《おも》い出《だ》されます。豊《ゆた》かな自然《しぜん》の中《なか》にあるシドニーの訓練所《くんれんじょ》、訓練《くんれん》にい

仕事《しごと》を終《お》え、ターミナルを後《あと》にする浜名《はまな》さんとクレオ。

そしむビーグルやラブラドール、陽気《ようき》なオーストラリア人《じん》のスタッフたち……。応援《おうえん》してくれる大勢《おおぜい》の人《ひと》たちの顔《かお》が次々《つぎつぎ》に浮《う》かんでくるのでした。

クレオとキャンディーは、日本初《にほんはつ》の検疫探知犬《けんえきたんちけん》として華々《はなばな》しくデビューしましたが、実《じつ》は、試験的《しけんてき》な導入《どうにゅう》とされていました。二匹《にひき》の働《はたら》きぶりや、どれぐらい肉製品《にくせいひん》が見《み》つけられるのかを調《しら》べたうえで、検疫探知犬《けんえきたんちけん》を増《ふ》やすかどうかが検討《けんとう》されることになっているのです。

「もし、あまり肉製品《にくせいひん》が見《み》つけられなかったり、旅行客《りょこうきゃく》の荷物《にもつ》を傷《きず》つけたり、人《ひと》に対《たい》してうなったりかみついたりするなどの問題《もんだい》を起《お》こした場合《ばあい》は、二匹《にひき》に続《つづ》く検疫《けんえき》探知犬《たんちけん》を入《い》れることはむずかしくなります。たとえ、人込《ひとご》みで足《あし》を踏《ふ》まれたとしても、ほえたりするのは絶対許《ぜったいゆる》されないのですから」

この仕事《しごと》を始《はじ》めたときに永長課長《ながおさかちょう》から言《い》われた言葉《ことば》が、いつも浜名《はまな》さんと国分《こくぶん》さんの頭《あたま》にありました。

検疫探知犬《けんえきたんちけん》としての仕事《しごと》ぶりに何《なに》か問題《もんだい》があれば、今後《こんご》、増《ふ》やすことがむずかしくなるばかりか、クレオとキャンディーを見《み》る目《め》も冷《つめ》たくなってしまうはずです。

けれども、そんな周囲《しゅうい》の心配《しんぱい》や不安《ふあん》をよそに、クレオもキャンディーも着実《ちゃくじつ》に実績《じっせき》を挙《あ》げています。楽《たの》しんで仕事《しごと》をしているようにさえ見受《みう》けられます。

「浜名君《はまなくん》も国分君《こくぶんくん》も、日本初《にほんはつ》の検疫探知犬《けんえきたんちけん》のハンドラーとして、プレッシャーが大《おお》きかったと思《おも》います。でも、オーストラリアまで行《い》ったかいがありましたね」

永長課長《ながおさかちょう》がねぎらいの言葉《ことば》をかけました。

「そう言《い》っていただけるのは、何《なに》よりもうれしいことです。クレオもキャンディーも、空港《くうこう》の環境《かんきょう》に慣《な》れるのも早《はや》かったし、今《いま》まで病気《びょうき》やけがをすることもなく幸《さいわ》いでした」

「こうして自信《じしん》と誇《ほこ》りを持《も》って仕事《しごと》ができるのも、大勢《おおぜい》の人《ひと》のサポートがあるおかげです」

浜名《はまな》さんと国分《こくぶん》さんはうれしそうに言《い》いました。

そこへ、いっしょに仕事《しごと》をすることの多《おお》い係官《かかりかん》たちが加《くわ》わりました。

「浜名《はまな》さんと国分《こくぶん》さんに向《む》けるクレオとキャンディーのまなざし、しぐさなどを見《み》ていると、パートナーとして、すっかり心《こころ》を通《かよ》わせているのが伝《つた》わってきますよ」

「みんな、うらやましく思《おも》っているんですよ。ハンドラーをやってみたいなんて言《い》う人《ひと》もいるほどなんですから……」

「探知作業《たんちさぎょう》がスムーズに進《すす》むのも、補助《ほじょ》してくれるみなさんのおかげです。いつも、どうもありがとうございます」

浜名《はまな》さんと国分《こくぶん》さんは、頭《あたま》を下《さ》げてお礼《れい》を言《い》いました。


浜名《はまな》さんと国分《こくぶん》さんは周《まわ》りの人《ひと》たちから高《たか》い評価《ひょうか》を受《う》けているものの、自分《じぶん》たちの仕事《しごと》について考《かんが》えることがあります。

「ひとかけらの肉《にく》でも、もし、それが口蹄疫《こうていえき》にかかった牛《うし》の肉《にく》であれば、それが原《げん》因《いん》で、日本《にほん》でも牛《うし》や豚《ぶた》が病気《びょうき》になってしまうかもしれない。その肉《にく》を見《み》のがしたりしたら、大変《たいへん》なことになりかねないんだ」

「鳥《とり》インフルエンザも恐《おそ》ろしい伝染病《でんせんびょう》だ。それに感染《かんせん》した肉《にく》を旅行客《りょこうきゃく》が持《も》ち込《こ》んだら、国内《こくない》で鳥《とり》インフルエンザが広《ひろ》まってしまうこともある。もしかしたら、今日《きょう》、

お腹《なか》を見《み》せて甘《あま》えるキャンディーをなでてやる国分《こくぶん》さん。

クレオとキャンディーが見《み》つけた肉《にく》が、感染《かんせん》した肉《にく》だった可能性《かのうせい》もあるんだからね。そう考《かんが》えると、自分《じぶん》たちの仕事《しごと》の責任《せきにん》の大《おお》きさに、身《み》の引《ひ》き締《し》まる思《おも》いがするよ」

「とにかく、一年目《いちねんめ》の実績《じっせき》をきちんと出《だ》し、その能力《のうりょく》を証明《しょうめい》しなければ……。なんとしても、次《つぎ》の検疫探知犬《けんえきたんちけん》の導入《どうにゅう》につなげたい……」

浜名《はまな》さんと国分《こくぶん》さんは、一回一回《いっかいいっかい》の出動《しゅつどう》が真剣勝負《しんけんしょうぶ》という気構《きがま》えで、仕事《しごと》をしていました。

二人《ふたり》はオーストラリアでの研修《けんしゅう》で、検疫《けんえき》の仕事《しごと》を担《にな》うオーストラリア人《じん》ハンドラーたちの熱意《ねつい》を肌《はだ》で感《かん》じ、また、空港《くうこう》の検疫《けんえき》システムの厳《きび》しさを目《ま》の当《あ》たりにしています。

クレオとキャンディーは、そのオーストラリアで厳《きび》しい訓練《くんれん》を受《う》け、優秀《ゆうしゅう》とみなされて選《えら》ばれた二匹《にひき》なのですから、どんなことがあってもがんばってくれるはずと、信《しん》じて疑《うたが》うことはありませんでした。

もし、何《なに》か問題《もんだい》があったら、それは自分《じぶん》たちの責任《せきにん》であるし、オースティンさんはじめ、応援《おうえん》してくれているみんなに、顔向《かおむ》けができないという気持《きも》ちがありました。

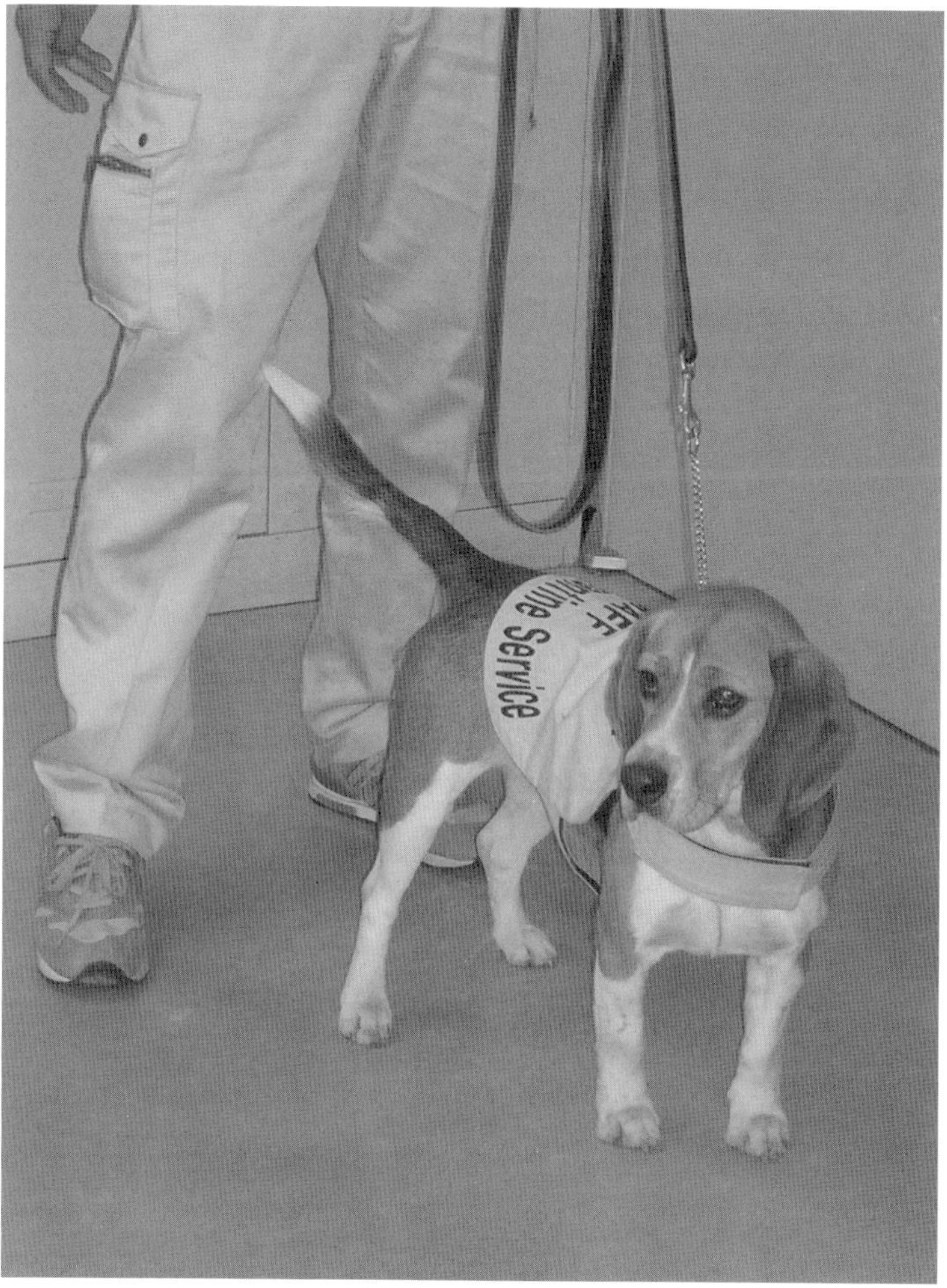

どんなかすかな肉《にく》のにおいも逃《のが》さないキャンディー。

百匹《ひゃっぴき》の検疫《けんえき》探知犬《たんちけん》が働《はたら》くオーストラリア

はるか昔《むかし》から他《ほか》の大陸《たいりく》と離《はな》れていたオーストラリアには、猛獣《もうじゅう》もいなかったため、カンガルーやコアラなどの有袋類《ゆうたいるい》をはじめ、エリマキトカゲやカモノハシなど、珍《めずら》しい動物《どうぶつ》がたくさん住《す》んでいます。

オーストラリアには一七八八年《ねん》、イギリスから千五百人《せんごひゃくにん》あまりを乗《の》せた船《ふね》がシドニーに上陸《じょうりく》しました。その後《ご》、いろいろな国《くに》から移民《いみん》してきた人《ひと》たちが、自分《じぶん》の国《くに》からさまざまな動物《どうぶつ》や植物《しょくぶつ》を持《も》ち込《こ》んだため、オーストラリア独特《どくとく》の生態系《せいたいけい》に悪《わる》い影響《えいきょう》を与《あた》えてしまいました。

そのときの反省《はんせい》から、早《はや》くも一九〇八年《ねん》に「検疫法《けんえきほう》」が定《さだ》められました。その後《ご》は、元《もと》からいた動物《どうぶつ》や前《まえ》から生《は》えていた植物《しょくぶつ》に悪《わる》い影響《えいきょう》を与《あた》える病害虫《びょうがいちゅう》はほとんど侵入《しんにゅう》させておらず、農産物《のうさんぶつ》の輸出国《ゆしゅつこく》として発展《はってん》してきました。

まだ飛行機《ひこうき》がなく、貿易《ぼうえき》が盛《さか》んではなかった時代《じだい》には、自然環境《しぜんかんきょう》や農産物《のうさんぶつ》を守《まも》ることはむずかしくはありませんでした。けれども、今《いま》は、世界中《せかいじゅう》からたくさんの人《ひと》が、飛行機《ひこうき》や船《ふね》で訪《おとず》れるようになりました。

もし、外国《がいこく》から病害虫《びょうがいちゅう》が入《はい》り込《こ》むと、オーストラリアは環境的《かんきょうてき》にも経済的《けいざいてき》にも大《おお》きな打撃《だげき》を受《う》けてしまいます。たとえば、もし、オレンジが不正《ふせい》に持《も》ち込《こ》まれ、柑《かん》橘潰瘍病《きつかいようびょう》という病気《びょうき》が流行《りゅうこう》すれば、オーストラリアのオレンジ産業《さんぎょう》の半分《はんぶん》は破壊《はかい》されてしまうとさえ言《い》われています。

また、オーストラリアは海外《かいがい》に羊毛《ようもう》や食肉《しょくにく》を輸出《ゆしゅつ》していますが、もし、口蹄疫《こうていえき》という病気《びょうき》が発生《はっせい》すれば、その影響《えいきょう》は計《はか》り知《し》れないものになってしまいます。

口蹄疫《こうていえき》は牛《うし》、羊《ひつじ》、豚《ぶた》、山羊《やぎ》など、蹄《ひづめ》が割《わ》れている動物《どうぶつ》がかかる伝染病《でんせんびょう》で、最初《さいしょ》に発生《はっせい》したのは十六世紀《じゅうろくせいき》の中頃《なかごろ》。最近《さいきん》では二〇〇一年《ねん》、牧畜業《ぼくちくぎょう》の盛《さか》んな国《くに》を中心《ちゅうしん》に世界《せかい》に広《ひろ》まりました。

唾液《だえき》、糞《ふん》、毛《け》などから感染《かんせん》し、草《くさ》やわら、靴《くつ》や車《くるま》のタイヤについた土《つち》などからも広《ひろ》まると言《い》われています。しかしながら、オーストラリアではこの百三十年間《ひゃくさんじゅうねんかん》、口蹄疫《こうていえき》は発生《はっせい》していません。世界《せかい》で感染《かんせん》が確認《かくにん》されていないのは、八十ヵ国《はちじゅっかこく》にとどまります。

「野生《やせい》の宝庫《ほうこ》」とも呼《よ》ばれるオーストラリアは、動物《どうぶつ》や鳥《とり》、そして木《き》や植物《しょくぶつ》までを含《ふく》めると、その八割《はちわり》はオーストラリアだけにある種類《しゅるい》とされています。貴重《きちょう》な種類《しゅるい》の動物《どうぶつ》や植物《しょくぶつ》が、そのままの形《かたち》で残《のこ》されているのです。

オーストラリアで、伝染病《でんせんびょう》の病原体《びょうげんたい》や害虫《がいちゅう》などが入《はい》り込《こ》まないように検疫《けんえき》を行《おこ》なっている機関《きかん》が、オーストラリア検疫検査局《けんえきけんさきょく》です。

二〇〇一年《ねん》には、それまでの検疫制度《けんえきせいど》がさらに厳《きび》しくされ、飛行機《ひこうき》でオーストラリアに入国《にゅうこく》する乗客全員《じょうきゃくぜんいん》について、検疫探知犬《けんえきたんちけん》とX線探知機《エックスせんたんちき》による荷物検査《にもつけんさ》が行《おこ》なわれることになりました。申告制度《しんこくせいど》も強化《きょうか》され、シドニー空港《くうこう》の検疫官《けんえきかん》の人数《にんずう》は、それまでの三倍《さんばい》の四百四十人《よんひゃくよんじゅうにん》に増《ふ》やされました。

また、オーストラリアに向《む》かう飛行機《ひこうき》では、機内《きない》で乗客全員《じょうきゃくぜんいん》に「入国用乗客《にゅうこくようじょうきゃく》カード」が渡《わた》されます。それに自分《じぶん》で記入《きにゅう》し署名《しょめい》をして、税関《ぜいかん》で見《み》せなければなりません。

検疫検査局《けんえきけんさきょく》では、オーストラリアへ持《も》ち込《こ》む物《もの》を、「申告《しんこく》しなければならない物《もの》」と「持《も》ち込《こ》みが禁止《きんし》されている物《もの》」に分《わ》けています。

「申告《しんこく》しなければならない物《もの》」は、入国用乗客《にゅうこくようじょうきゃく》カードに記入《きにゅう》して申告《しんこく》した後《あと》、病原体《びょうげんたい》がついていないかどうか検査《けんさ》を受《う》けることが義務《ぎむ》づけられています。これには、お菓子《かし》やめん類《るい》などの「食品《しょくひん》」、貝《かい》がらのアクセサリーや毛皮《けがわ》を使《つか》った装飾品《そうしょくひん》などの「動物製品《どうぶつせいひん》」、また、生花《せいか》やドライフラワーなどの「植物製品《しょくぶつせいひん》」などが入《はい》ります。

一方《いっぽう》、「持《も》ち込《こ》みが禁止《きんし》されている物《もの》」は、正直《しょうじき》に申告《しんこく》すれば、検疫検査局《けんえきけんさきょく》によって没収《ぼっしゅう》され、破棄《はき》されるだけですみます。たとえば、「卵《たまご》と卵製品《たまごせいひん》、乳製品《にゅうせいひん》」「缶詰《かんづめ》以外《いがい》の肉製品《にくせいひん》」「生《い》きている動物《どうぶつ》および植物《しょくぶつ》」「種子《しゅし》やナッツ類《るい》」「生《なま》の果物《くだもの》や野菜《やさい》」などが没収《ぼっしゅう》されます。

けれども、もし、正《ただ》しく申告《しんこく》をしなかったことが見《み》つかると、その場《ば》で二百二十《にひゃくにじゅう》ドル（約二万円《やくにまんえん》）の罰金《ばっきん》となります。また、悪質《あくしつ》なものは、最高《さいこう》で六万《ろくまん》ドル（約《やく》五百七十万円《ごひゃくななじゅうまんえん》）の罰金《ばっきん》が科《か》され、懲役十年《ちょうえきじゅうねん》の求刑《きゅうけい》になる場合《ばあい》もあります（二〇〇七年五月現在《ねんごがつげんざい》の交換《こうかん》レートをもとに、一《いち》オーストラリア・ドルを九十五円《きゅうじゅうごえん》として換算《かんざん》）。

このようなオーストラリアの厳《きび》しい検疫制度《けんえきせいど》については、海外《かいがい》でも知《し》られつつありますが、空港《くうこう》で罰金《ばっきん》を支払《しはら》ったり、せっかくのおみやげを破棄《はき》しなければならな

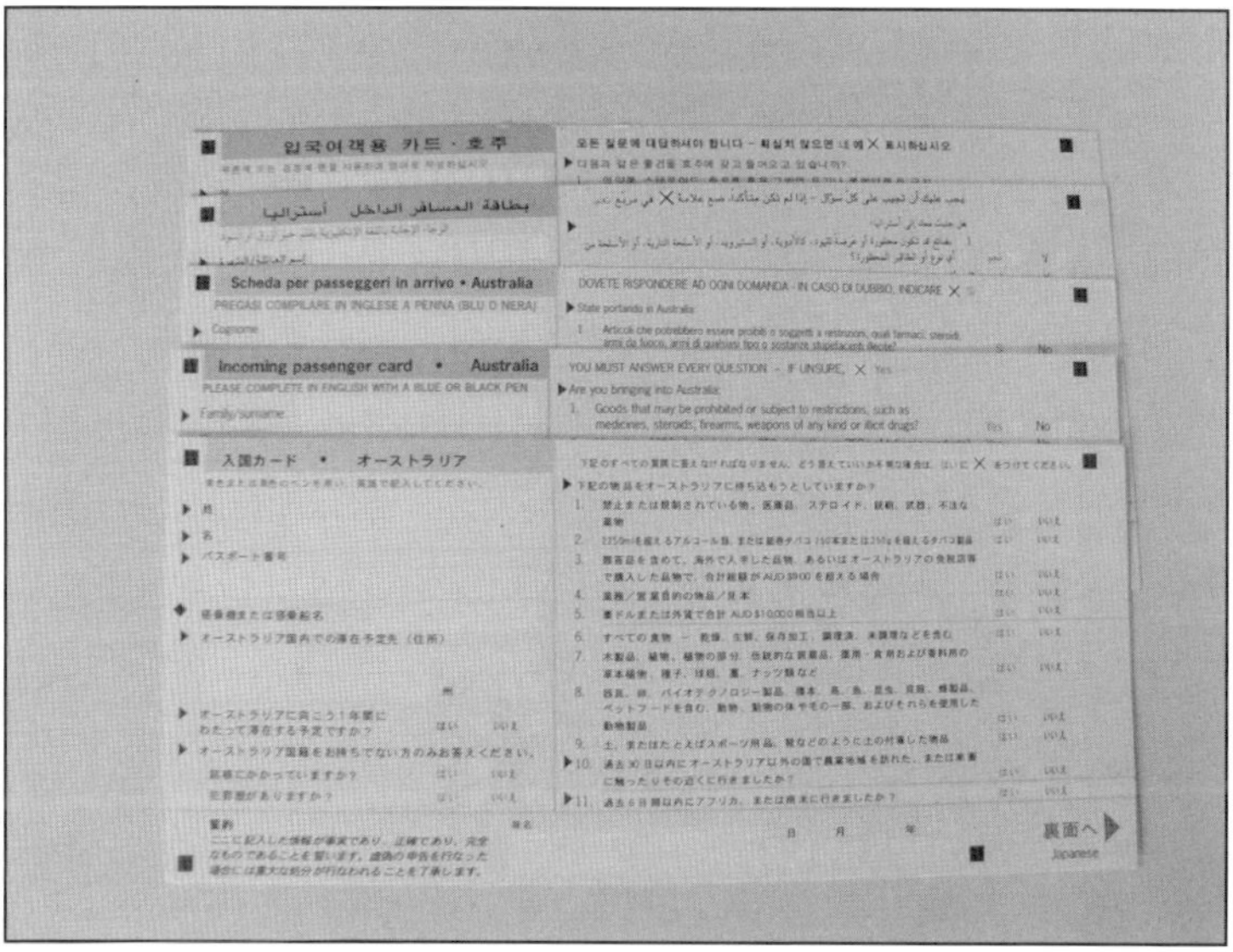

オーストラリアは多民族国家《たみんぞくこっか》のため、入国用乗客《にゅうこくようじょうきゃく》カードもさまざまな言語《げんご》のものがある。

いという旅行客《りょこうきゃく》は後《あと》を絶《た》ちません。それは、検疫探知犬《けんえきたんちけん》に発見《はっけん》されたり、また、荷物《にもつ》のX線《エックスせん》検査《けんさ》で、見《み》つかったりする場合《ばあい》が多《おお》いからです。

今《いま》、オーストラリア国内《こくない》の空港《くうこう》や国際郵便集配《こくさいゆうびんしゅうはい》センターなどにいる検疫探知犬《けんえきたんちけん》は約百匹《やくひゃっぴき》。一匹《いっぴき》あたり毎日《まいにち》、検疫対象物《けんえきたいしょうぶつ》を六個《ろっこ》から十個《じゅっこ》も見《み》つけるなど、検疫《けんえき》に欠《か》かせない存在《そんざい》となっています。

オーストラリアに初《はじ》めて検疫探知犬《けんえきたんちけん》が導入《どうにゅう》されたのは一九九二年《ねん》です

が、その後《ご》、さまざまな訓練《くんれん》を取《と》り入《い》れて、今《いま》では、肉製品《にくせいひん》だけではなく、果物《くだもの》や野菜《やさい》、生《い》きている鳥《とり》や爬虫類《はちゅうるい》なども探《さが》し当《あ》てることができます。探知《たんち》できるにおいの種類《しゅるい》は三十《さんじゅう》以上《いじょう》もあり、検疫探知犬《けんえきたんちけん》として一年《いちねん》以上《いじょう》の経験《けいけん》のある犬《いぬ》は、正《ただ》しく探知《たんち》する率《りつ》が、なんと九十九《きゅうじゅうきゅう》パーセントにも達《たっ》しています。

オースティンさんの下《もと》で訓練《くんれん》を受《う》けた検疫探知犬《けんえきたんちけん》とハンドラーは、すでに百二十《ひゃくにじゅっ》組《くみ》。シドニー空港《くうこう》、メルボルン空港《くうこう》、パース空港《くうこう》、ゴールドコースト空港《くうこう》など、オーストラリアの主《おも》な国際空港《こくさいくうこう》で働《はたら》き、数々《かずかず》の実績《じっせき》をあげています。

シドニー国際空港《こくさいくうこう》では二〇〇一年《ねん》、Ｘ線探知装置《エックスせんたんちそうち》の数《かず》が、それまでの五台《ごだい》から二十四台《にじゅうよんだい》に増《ふ》やされました。今《いま》は、申告《しんこく》するものがない人《ひと》の荷物《にもつ》も、すべてＸ線《エックスせん》による中身《なかみ》の検査《けんさ》をしています。

このＸ線《エックスせん》の特殊《とくしゅ》な装置《そうち》では、有機物《ゆうきぶつ》、つまり動物《どうぶつ》や植物《しょくぶつ》、食《た》べ物《もの》などが影《かげ》となって映《うつ》し出《だ》されます。もし、隠《かく》して持《も》ち込《こ》もうとしても、ソーセージやハムなどの肉《にく》製品《せいひん》、果物《くだもの》やナッツ類《るい》など規制《きせい》されている食《た》べ物《もの》は、確実《かくじつ》に発見《はっけん》されてしまいます。

これまで、規制《きせい》された食《た》べ物《もの》を申告《しんこく》せずに持《も》ち込《こ》み、高額《こうがく》の罰金《ばっきん》を科《か》せられた人《ひと》の中《なか》には、コケやキノコなどを無断《むだん》で持《も》ち込《こ》もうとしたフランス人《じん》の植物学者《しょくぶつがくしゃ》、白《しろ》ネギやショウガの申告《しんこく》をしなかった日本人旅行者《にほんじんりょこうしゃ》、ナッツ類《るい》や乾燥豚肉《かんそうぶたにく》などの申告《しんこく》をしなかったオーストラリア人《じん》などがいます。

ある日《ひ》、こんな出来事《できごと》がありました。

シドニー国際空港《こくさいくうこう》で、旅行客《りょこうきゃく》に検疫探知犬《けんえきたんちけん》が反応《はんのう》を示《しめ》しました。おすわりをして、何《なに》かあるというメッセージを送《おく》っています。ところが、係官《かかりかん》が荷物《にもつ》を調《しら》べても、肉《にく》製品《せいひん》や果物《くだもの》などは見当《みあ》たりません。

「検疫探知犬《けんえきたんちけん》がこんなに鋭《するど》い反応《はんのう》を示《しめ》しているんだ。きっと、何《なに》かあるはずだ。もう一度《いちど》、ちゃんと調《しら》べてみよう」

係官《かかりかん》たちは総出《そうで》で一《ひと》つ一《ひと》つ荷物《にもつ》を広《ひろ》げ、旅行客《りょこうきゃく》の体《からだ》も調《しら》べました。そして、ついに、においの元《もと》を突《つ》き止《と》めました。それは、ポケットに入《はい》っていたボールペンだったのです。

「おいおい、検疫探知犬《けんえきたんちけん》が反応《はんのう》しているのは、ボールペンだってさ。まいったなあ。一体《いったい》、何《なん》だって言《い》うんだい？」

係官《かかりかん》がボールペンを手《て》に困《こま》った顔《かお》をしていると、旅行客《りょこうきゃく》の顔《かお》が見《み》る見《み》る青《あお》くなりました。

次《つぎ》の瞬間《しゅんかん》、係官《かかりかん》がすっとんきょうな声《こえ》を上《あ》げました。

「これを見《み》ろ！　この中《なか》に、ハチがいる。インクの芯《しん》を取《と》って、そこにハチを詰《つ》めたんだ。それも、生《い》きているハチだぞ！」

その場《ば》にいただれもが、目《め》を丸《まる》くしました。動物《どうぶつ》や爬虫類《はちゅうるい》はもちろん、ハチのような昆虫《こんちゅう》にも反応《はんのう》するよう訓練《くんれん》を受《う》けていた検疫探知犬《けんえきたんちけん》が、ボールペンの中《なか》のハチを、見事《みごと》に探《さが》し当《あ》てたのです。

その旅行客《りょこうきゃく》は、オーストラリアにいない種類《しゅるい》のハチを持《も》ち込《こ》み、繁殖《はんしょく》させようとした疑《うたが》いで、厳《きび》しく罰《ばっ》せられました。

もし、そのハチを発見《はっけん》できなかったら、どうなっていたでしょうか。もともとオーストラリアにいたハチに、悪《わる》い影響《えいきょう》をおよぼしたかもしれません。また、そのハチによって、何《なに》か病気《びょうき》が広《ひろ》まって、オーストラリアの動植物《どうしょくぶつ》や自然環境《しぜんかんきょう》に、問題《もんだい》が起《お》きたかもしれません。この発見《はっけん》は、まさに、検疫探知犬《けんえきたんちけん》のすばらしい能力《のうりょく》を証明《しょうめい》する大手柄《おおてがら》となったのでした。

海外《かいがい》小包《こづつみ》から没収《ぼっしゅう》される「卵《たまご》のふりかけ」

オーストラリアの検疫《けんえき》が厳《きび》しいのは、国際空港《こくさいくうこう》だけではありません。オーストラリアは六《むっ》つの州《しゅう》と二《ふた》つの特別地域《とくべつちいき》に分《わ》かれていますが、州《しゅう》ごとの検疫《けんえき》も徹底《てってい》されています。

オーストラリア大陸《たいりく》の面積《めんせき》は日本《にほん》の約二十倍《やくにじゅうばい》もあり、東海岸《ひがしかいがん》と西海岸《にしかいがん》の間《あいだ》には、三時間《さんじかん》もの時差《じさ》があるほど、距離《きょり》があります。

シドニー、メルボルン、ブリスベン、ケアンズといった都市《とし》は、すべて大陸《たいりく》の東《ひがし》海岸《かいがん》に位置《いち》していますが、パースはただ一《ひと》つ、西海岸《にしかいがん》にある大《おお》きな都市《とし》です。シドニーにいる動物《どうぶつ》や鳥《とり》がパースにはいなかったり、シドニーでは咲《さ》いているのを見《み》かけない草花《くさばな》が、パースでは咲《さ》いていたりするほど、気候《きこう》も環境《かんきょう》もかなり違《ちが》います。

西《にし》オーストラリア州《しゅう》では、珍《めずら》しい動物《どうぶつ》や植物《しょくぶつ》の生態系《せいたいけい》を守《まも》るために、もっとも厳《きび》しい検疫体制《けんえきたいせい》を整《ととの》えています。たとえば、隣《となり》の南《みなみ》オーストラリア州《しゅう》との州境《しゅうざかい》に検疫《けんえき》所《しょ》があり、西《にし》オーストラリア州《しゅう》に入《はい》ろうとする自動車《じどうしゃ》は、荷物《にもつ》の検査《けんさ》を受《う》けなければなりません。

車《くるま》のトランクやダッシュボードが開《あ》けられ、オレンジやリンゴなどの果物《くだもの》、野《や》菜《さい》、肉製品《にくせいひん》などがないかどうか調《しら》べられます。もし、生物《なまもの》を持《も》っている場合《ばあい》は、その場《ば》ですぐに破棄《はき》するよう命《めい》じられるのです。

さらに、オーストラリアでは、空港《くうこう》や州境《しゅうざかい》などで行《おこ》なっている検疫《けんえき》と同《おな》じように、海外《かいがい》から送《おく》られて来《く》る小包《こづつみ》や郵便物《ゆうびんぶつ》にも目《め》を光《ひか》らせています。

海外《かいがい》からオーストラリアに届《とど》く郵便物《ゆうびんぶつ》は、一年間《いちねんかん》で一億七千万個《いちおくななせんまんこ》ほど。検疫検査《けんえきけんさ》局《きょく》では、すべての郵便物《ゆうびんぶつ》を検査《けんさ》し、約五万個《やくごまんこ》に上《のぼ》る規制品《きせいひん》を没収《ぼっしゅう》しています。

毎年十二月《まいとしじゅうにがつ》になると、クリスマスや正月用《しょうがつよう》に、世界《せかい》のさまざまな国《くに》から小包《こづつみ》が届《とど》きますが、この一ヵ月《いっかげつ》だけで七千個以上《ななせんこいじょう》が没収《ぼっしゅう》されています。

没収《ぼっしゅう》された物《もの》の中《なか》には、日本《にほん》から送《おく》られた物《もの》も多《おお》くあります。たとえば、クリスマスのリースには木《き》や松《まつ》ぼっくりが使《つか》われていたり、新年用《しんねんよう》のしめ縄飾《なわかざ》りや門松《かどまつ》には、乾燥《かんそう》させたわらや竹《たけ》が使《つか》われたりしています。植物《しょくぶつ》や木《き》は、そのままはもちろん、乾燥《かんそう》させたものでも持《も》ち込《こ》みは禁止《きんし》されているのです。

また、正月《しょうがつ》のおせち料理《りょうり》に欠《か》かせない黒豆《くろまめ》やぎんなんなども例外《れいがい》ではありません。豆製品《まめせいひん》、種子《しゅし》、木《き》の実《み》などは、加工《かこう》されたものでも、すべて没《ぼっ》収《しゅう》されます。

これは、もし、害虫《がいちゅう》が入《はい》っていた場合《ばあい》、オーストラリアにいない虫《むし》であれば、元々《もともと》いる昆虫《こんちゅう》の生態系《せいたいけい》をおびやかすことになりかねないからです。免疫《めんえき》のない生《い》き物《もの》は、絶滅《ぜつめつ》する危険性《きけんせい》もあります。ある地域《ちいき》で育《そだ》っていた植物《しょくぶつ》が、別《べつ》の地域《ちいき》で異常《いじょう》に増《ふ》えて、ほかの植物《しょくぶつ》の成長《せいちょう》を妨《さまた》げてしまうこともあるのです。

今《いま》、世界中《せかいじゅう》をおびやかしている鳥《とり》インフルエンザのウイルスは、低《ひく》い温度《おんど》には強《つよ》く、冷蔵食品《れいぞうしょくひん》や冷凍食品《れいとうしょくひん》の中《なか》でも死《し》ぬことはなく、また、乾燥《かんそう》させた加工食品《かこうしょくひん》でも安心《あんしん》はできないと言《い》われています。そのため、オーストラリアでは、鶏肉《とりにく》や卵《たまご》、また、それらを乾燥《かんそう》させたりフリーズドライに加工《かこう》されたりしたものでも、旅行客《りょこうきゃく》が持《も》ち込《こ》んだり、郵便《ゆうびん》で送《おく》ったりすることは、一切《いっさい》、禁《きん》じられています。

日本《にほん》の「卵《たまご》のふりかけ」や「卵《たまご》ボーロ」などには、加工《かこう》された卵《たまご》が入《はい》っているので、見《み》つかると没収《ぼっしゅう》されてしまいます。

検疫検査局《けんえきけんさきょく》によって、小包《こづつみ》から何《なに》かを没収《ぼっしゅう》された場合《ばあい》は、品物《しなもの》の種類《しゅるい》や重《おも》さなどが記入《きにゅう》された説明書《せつめいしょ》が小包《こづつみ》に入《い》れられて、受取人《うけとりにん》に配達《はいたつ》されます。手数料《てすうりょう》を払《はら》って引《ひ》き取《と》ることもできますが、通知《つうち》から三十日以内《さんじゅうにちいない》に何《なに》も連絡《れんらく》をしなければ、自動的《じどうてき》に処分《しょぶん》される仕組《しく》みになっています。

空港《くうこう》で旅行者《りょこうしゃ》の手荷物《てにもつ》を調《しら》べるのは、主《おも》にビーグル犬《けん》ですが、空港貨物《くうこうかもつ》や国際郵《こくさいゆう》便集配《びんしゅうはい》センターで小包《こづつみ》などを調《しら》べるのは、ラブラドールや雑種《ざっしゅ》の大型犬《おおがたけん》がほとんどです。

空港《くうこう》で働《はたら》くビーグル犬《けん》が、においのする物《もの》のそばにすわって、ハンドラーに教《おし》えるよう訓練《くんれん》されているのに対《たい》し、大型犬《おおがたけん》の場合《ばあい》は、においのする小包《こづつみ》を見《み》つけたら、前足《まえあし》でひっかいて知《し》らせるよう訓練《くんれん》されています。

国際郵便集配《こくさいゆうびんしゅうはい》センターでは、ベルトコンベアーで移動《いどう》していくダンボール箱《ばこ》の小《こ》包《づつみ》を探知《たんち》したり、大量《たいりょう》の郵便物《ゆうびんぶつ》のにおいを短《みじか》い時間《じかん》で調《しら》べたりしなければならないので、体力《たいりょく》のある大型犬《おおがたけん》が担当《たんとう》し、見《み》つけた合図《あいず》もはっきり示《しめ》すように教《おし》えられています。

また、見《み》つけたときのリワードとしては、ビーグル犬《けん》はエサを喜《よろこ》びますが、大型《おおがた》

ハンロブの訓練所《くんれんじょ》の訓練《くんれん》で、トレーナーのイネスさんと、
タオルの引《ひ》っぱりっこをするラブラドール。

犬《けん》のラブラドール、ボーダー・コリーなどは、ハンドラーとタオルの引《ひ》っぱりっこなどをして遊《あそ》ぶのを喜《よろこ》びます。

オーストラリアは牧羊《ぼくよう》の国《くに》。古《ふる》くから、犬《いぬ》を牧羊犬《ぼくようけん》として働《はたら》かせるなど、使役犬《しえきけん》の訓練《くんれん》の歴史《れきし》があります。犬《いぬ》のすぐれた鼻《はな》、知能《ちのう》や習性《しゅうせい》を有効《ゆうこう》に使《つか》い、人《ひと》と犬《いぬ》とがチームを組《く》んで仕事《しごと》をしてきた伝統《でんとう》が、検疫探知犬《けんえきたんちけん》にも生《い》かされているのです。

日本《に》本《ほん》を守《まも》るクレオとキャンディー

二〇〇六年十二月《ねんじゅうにがつ》。

クレオとキャンディーが日本《にほん》にやって来《き》て、二回目《にかいめ》の冬《ふゆ》を迎《むか》えました。成田国際《なりたこくさい》空港《くうこう》で仕事《しごと》を始《はじ》めて、ちょうど一年《いちねん》になります。

「さあ、そろそろ時間《じかん》だ」

「今日《きょう》もがんばろうな」

浜名《はまな》さんと国分《こくぶん》さんがクレオとキャンディーに、カンガルーの皮《かわ》のリードをつけました。犬舎《けんしゃ》から空港《くうこう》ターミナルに向《む》かう専用車《せんようしゃ》に乗《の》せられると、二匹《にひき》とも早《はや》く仕《し》事《ごと》がしたくてたまらないという表情《ひょうじょう》を見《み》せました。

「クレオもキャンディーも、これまで病気一《びょうきひと》つしないで、元気《げんき》に仕事《しごと》をしてくれている。こんな小《ちい》さな体《からだ》のどこに、そんなスタミナがあるんだろう」

「二匹《にひき》とも、よくやってくれるよ。犬《いぬ》の鼻《はな》がすぐれているのは百《ひゃく》も承知《しょうち》だけれど、本当《ほんとう》に、信《しん》じられないような力《ちから》を発揮《はっき》してくれる。頼《たの》もしいよなあ」

クレオとキャンディーが、この一年《いちねん》で発見《はっけん》した肉製品《にくせいひん》は二千十七件《にせんじゅうななけん》、その重《おも》さは三千二百五十六《さんぜんにひゃくごじゅうろく》キログラム、なんと、三《さん》・二《に》トンにも上《のぼ》ります。肉製品《にくせいひん》を見《み》つけない日《ひ》はほとんどなく、多《おお》い日《ひ》は八回《はっかい》も反応《はんのう》する日《ひ》があるほどで、その仕事《しごと》ぶりには余裕《よゆう》すら感《かん》じられます。

けれども、まったく間違《まちが》いがないというわけではありません。反応《はんのう》があって調《しら》べてみても、肉製品《にくせいひん》が見当《みあ》たらないことも、何度《なんど》かありました。

ある日《ひ》のこと。キャンディーが、ジュラルミン製《せい》のケースの横《よこ》におすわりをしたまま動《うご》かなくなりました。そのケースはテレビ局《きょく》のスタッフのものでした。

「検疫探知犬《けんえきたんちけん》が反応《はんのう》していますが、何《なに》か肉製品《にくせいひん》のようなものは入《はい》っていませんか」

「いいえ、取材《しゅざい》に使《つか》った撮影機材《さつえいきざい》だけですよ。そのほかには、何《なに》も入《い》れていません。どうぞ、調《しら》べていただいて結構《けっこう》ですが……」

スタッフは胸《むね》をはって答《こた》えます。別《べつ》の係官《かかりかん》も加《くわ》わって中《なか》を見《み》せてもらいましたが、特《とく》に食《た》べ物《もの》は見当《みあ》たりません。けれども、キャンディーは自信《じしん》たっぷりの表情《ひょうじょう》で、がんこにおすわりを続《つづ》け、次《つぎ》の荷物《にもつ》に移《うつ》ろうとしません。

「おかしいですね。何《なに》か肉《にく》のにおいがするという反応《はんのう》なんですが……。でも、食《た》べ物《もの》は何《なに》も入《はい》っていないことがわかりました。ご協力《きょうりょく》ありがとうございました」

国分《こくぶん》さんはていねいに頭《あたま》を下《さ》げました。すると、ケースを閉《と》じようとしたスタッフが、急《きゅう》に手《て》を止《と》めました。

「……あっ、そうだ。もしかしたら……ここに入《い》れてあるタオルじゃないでしょうか。実《じつ》は、アマゾンでピラニアを釣《つ》るようすを撮影《さつえい》したんですが、そのエサに牛肉《ぎゅうにく》を使《つか》ったんですよ。このタオルは、そのときに手《て》をふいたりしたものなんです。ひょっとすると、牛肉《ぎゅうにく》のにおいが残《のこ》っていたのかもしれません」

「そうでしたか……。わかりました。たぶん、その牛肉《ぎゅうにく》のにおいに反応《はんのう》していたんだと思《おも》います」

「へえ～、すごいですね。そんなにおいもわかってしまうなんて……」

テレビ局《きょく》のスタッフたちは、キャンディーのすぐれた鼻《はな》に感心《かんしん》するばかりでした。ほんのわずかな残《のこ》り香《が》を突《つ》き止《と》めたキャンディーには、国分《こくぶん》さんも改《あらた》めて驚《おどろ》いてしまいました。もちろん、キャンディーに、リワードを与《あた》えたことは言《い》うまでもありません。

クレオもキャンディーも、持《も》ち前《まえ》の鼻《はな》にさらに磨《みが》きをかけ、十分《じゅうぶん》にその役割《やくわり》を果《は》たしてきました。ハンドラーでもあり、パートナーでもある浜名《はまな》さんと国分《こくぶん》さんを喜《よろこ》ばせたくて、そして、ほめてもらいたくて、一生懸命《いっしょうけんめい》に仕事《しごと》をしてきたのです。

さらに、クレオとキャンディーは、動物検疫制度《どうぶつけんえきせいど》を広《ひろ》めるという役割《やくわり》も担《にな》ってきました。水色《みずいろ》のベストを着《き》たクレオとキャンディーは、空港《くうこう》のターミナルにいるだけで、大勢《おおぜい》の人《ひと》の目《め》を引《ひ》きます。その姿《すがた》を見《み》せるだけで、肉製品《にくせいひん》などの持《も》ち込《こ》みに規制《きせい》があることを、広《ひろ》くアピールできるのです。

実際《じっさい》、動物検疫《どうぶつけんえき》カウンターに相談《そうだん》に来《く》る旅行客《りょこうきゃく》の数《かず》が、確実《かくじつ》に増《ふ》えていました。二匹《にひき》の姿《すがた》を見《み》て、「もしかしたら、持《も》ち込《こ》めないかもしれない。見《み》つかってしまうのでは」と、旅行客《りょこうきゃく》に思《おも》わせる効果《こうか》があるということなのです。

浜名《はまな》さんと国分《こくぶん》さんは、たくさんの人《ひと》から注目《ちゅうもく》を浴《あ》びるクレオとキャンディーを励《はげ》まし、気《き》を配《くば》ってきました。毎日《まいにち》の世話《せわ》を通《とお》して絆《きずな》も深《ふか》まり、お互《たが》いに、かけがえのない存在《そんざい》となっています。

動物検疫《どうぶつけんえき》キャンペーンに参加《さんか》する検疫探知犬《けんえきたんちけん》チーム。
クレオとキャンディーは空港《くうこう》ロビーでも人気者《にんきもの》。

「オーストラリアでは、検疫探知犬《けんえきたんちけん》は六年《ろくねん》から八年《はちねん》ほど活躍《かつやく》しているから、クレオとキャンディーはまだまだ働《はたら》ける」

「それに、一年以上《いちねんいじょう》の経験《けいけん》がある検疫探知犬《けんえきたんちけん》は、百《ひゃく》パーセントに近《ちか》い確率《かくりつ》で、規制《きせい》品《ひん》のにおいを探《さが》し出《だ》せるというんだから、クレオとキャンディーの力《ちから》は、まだまだ伸《の》びるってことですよね」

クレオとキャンディーの話《はなし》になると、浜名《はまな》さんも国分《こくぶん》さんも、知《し》らず知《し》らず意気《いき》込《ご》んでしまいます。

そんな二人《ふたり》の会話《かいわ》を、クレオとキャンディーは、犬舎《けんしゃ》に帰《かえ》る車《くるま》の後《うし》ろで、耳《みみ》を澄《す》まして聞《き》いています。まるで、「そう、その通《とお》りよ」と、うなずいているかのようです。

浜名《はまな》さんも国分《こくぶん》さんも、自分《じぶん》たちの言《い》いたいことや思《おも》っていることを、クレオとキャンディーはいつもお見通《みとお》しではないかと感《かん》じています。一日《いちにち》のほとんどをいっしょに過《す》ごし、心《こころ》を通《かよ》わせてきたパートナーならではの気持《きも》ちと言《い》えましょう。

けれども、二人《ふたり》の胸《むね》の奥底《おくそこ》には、一《ひと》つだけ気《き》がかりなことがありました。

クレオとキャンディーが、どんなに力《ちから》のすべてを出《だ》し切《き》っても、できる仕事《しごと》は限《かぎ》られていることです。探知作業《たんちさぎょう》ができる飛行機《ひこうき》の便数《びんすう》は、成田国際空港《なりたこくさいくうこう》に到着《とうちゃく》する飛行機《ひこうき》の便数《びんすう》から考《かんが》えると、ほんのわずかなものです。

国内《こくない》には、成田国際空港《なりたこくさいくうこう》のほかにも、国際便《こくさいびん》が離着陸《りちゃくりく》する空港《くうこう》が多《おお》くあり、他《ほか》の空港《くうこう》から肉製品《にくせいひん》が不正《ふせい》に持《も》ち込《こ》まれていないとは言《い》い切《き》れません。

「クレオとキャンディーの仲間《なかま》を増《ふ》やしてほしいよなあ。二匹《にひき》だけでは、とても対《たい》応《おう》できるものではない」

クレオとキャンディーの仕事《しごと》ぶりとその実績《じっせき》は、だれもが認《みと》めています。検疫探《けんえきたん》知犬《ちけん》を増《ふ》やし、他《ほか》の空港《くうこう》にも配置《はいち》したほうがいいのは、だれの目《め》にも明《あき》らかでした。

しかしながら、クレオとキャンディーに続《つづ》く検疫探知犬《けんえきたんちけん》を入《い》れることについては、なかなか決《き》まりません。

「いつになるんだろう。クレオとキャンディーの仲間《なかま》が来《く》るのは……」

「でも、われわれが頭《あたま》をかかえていても、仕方《しかた》ないよなあ。国《くに》の予算《よさん》とかもからんで来《く》ることだし……」

「でも、クレオとキャンディーの、一日一日《いちにちいちにち》の仕事《しごと》の積《つ》み重《かさ》ねが、検疫探知犬《けんえきたんちけん》の評価《ひょうか》につながって、その必要性《ひつようせい》をアピールすることになるのは確《たし》かなんだ。われわれができることは、毎日《まいにち》の仕事《しごと》をしっかりやっていくことしかない」

「オーストラリアだって、最初《さいしょ》は、アメリカから連《つ》れて来《き》た二匹《にひき》のビーグルから始《はじ》まったんだ。それが、今《いま》では百匹以上《ひゃっぴきいじょう》の体制《たいせい》で、検疫《けんえき》には欠《か》かせない存在《そんざい》になっているんだからね」

「こんなに小《ちい》さな犬《いぬ》が、病原体《びょうげんたい》の上陸《じょうりく》を水際《みずぎわ》でくい止《と》めてくれている。クレオとキャンディーの存在《そんざい》を、一人《ひとり》でも多《おお》くの人《ひと》に知《し》ってもらい、検疫《けんえき》について考《かんが》えてもらうこと……そんな使命《しめい》も担《にな》っているんだ」

浜名《はまな》さんと国分《こくぶん》さんは、検疫探知犬《けんえきたんちけん》の将来《しょうらい》について、熱《あつ》い思《おも》いを語《かた》り合《あ》いました。

クレオとキャンディーの能力《のうりょく》をつぶさに見《み》て来《き》た二人《ふたり》の夢《ゆめ》は、どんどん広《ひろ》がっていきます。

ずっと長《なが》くいっしょに働《はたら》けると思《おも》っていた浜名《はまな》さんと国分《こくぶん》さんは、このとき、クレオとキャンディーのハンドラーの仕事《しごと》を辞《や》めなくてはならなくなるなどとは、夢《ゆめ》にも思《おも》っていませんでした。

ハンドラーの交代《こうたい》

二〇〇七年一月《ねんいちがつ》。

成田国際空港《なりたこくさいくうこう》のはるか上空《じょうくう》に、飛行機《ひこうき》が小《ちい》さく見《み》えています。澄《す》んだ空《そら》にくっきりと浮《う》かぶ白《しろ》い機体《きたい》が、見《み》る見《み》る近《ちか》づいてきたかと思《おも》うと、大《おお》きな音《おと》とともに滑走路《かっそうろ》に着陸《ちゃくりく》しました。

ハンドラーの浜名《はまな》さんと国分《こくぶん》さんは、このように飛行機《ひこうき》が離着陸《りちゃくりく》する空港《くうこう》の近《ちか》くで、クレオとキャンディーに散歩《さんぽ》をさせています。冷《つめ》たいながらも朝《あさ》のさわやかな空気《くうき》の中《なか》、風《かぜ》に耳《みみ》をなびかせた二匹《にひき》は足並《あしな》みも軽《かろ》やかです。

けれども、浜名《はまな》さんと国分《こくぶん》さんの胸《むね》の中《なか》には、わだかまりのようなものがあり、それは、クレオとキャンディーの顔《かお》を見《み》るたび、ますます大《おお》きく感《かん》じられるようになりました。

「ハンドラーになって、まだ一年《いちねん》あまり。それなのに、交代《こうたい》しなければならないなんて……」

「実績《じっせき》を出《だ》して、成果《せいか》も上《あ》がってきているというのに。クレオとキャンディーにどう言《い》えばいいんだ……パートナーとして信頼関係《しんらいかんけい》を築《きず》いてきたのに……」

数日前《すうじつまえ》、検疫探知犬《けんえきたんちけん》のハンドラーの仕事《しごと》を民間《みんかん》に移《うつ》すことを聞《き》かされ、浜名《はまな》さんも国分《こくぶん》さんも大《おお》きなショックを受《う》けていました。

今《いま》、浜名《はまな》さんと国分《こくぶん》さんは農林水産省動物検疫所《のうりんすいさんしょうどうぶつけんえきしょ》の職員《しょくいん》で、国《くに》の仕事《しごと》としてハンドラーを務《つと》めています。けれども、動物検疫《どうぶつけんえき》の仕事《しごと》を効率《こうりつ》よく進《すす》めるために、この春《はる》から、検疫探知犬《けんえきたんちけん》のハンドラーを、民間《みんかん》に任《まか》せようということになったのです。

また、最近《さいきん》は、「郵政民営化《ゆうせいみんえいか》」のように、今《いま》まで国《くに》で行《おこ》なって来《き》た仕事《しごと》でも、民《みん》間《かん》の会社《かいしゃ》でできる仕事《しごと》は、なるべく民間《みんかん》に移《うつ》そうという方針《ほうしん》になっています。ハンドラーの仕事《しごと》も、その一《ひと》つとして決《き》められたものです。

「こんなに早《はや》く、クレオとキャンディーと別《わか》れなければならないなんて。まだまだ長《なが》く、いっしょに働《はたら》けるとばかり思《おも》っていたのに……」

浜名《はまな》さんはとまどいの表情《ひょうじょう》で言《い》いました。

「自信《じしん》と誇《ほこ》りを持《も》って、がんばってきたのに。まだこれからというときに……」

国分《こくぶん》さんの声《こえ》も沈《しず》んでいます。

数日前《すうじつまえ》、浜名《はまな》さんと国分《こくぶん》さんは、動物検疫所成田支所《どうぶつけんえきしょなりたししょ》の調整指導官《ちょうせいしどうかん》、山口賢郎《やまぐちけんろう》さんに事務所《じむしょ》に呼《よ》ばれました。山口《やまぐち》さんは永長課長《ながおさかちょう》から引《ひ》き継《つ》いで、検疫探知犬《けんえきたんちけん》に関《かか》わる仕事《しごと》を取《と》りまとめています。

「二人《ふたり》の気持《きも》ちは、よくわかっているつもりです。これまで、日本初《にほんはつ》の検疫探知犬《けんえきたんちけん》のハンドラーとしての仕事《しごと》を、大変《たいへん》よくやってくれました。クレオとキャンディーが病気《びょうき》もけがもせず、実力《じつりょく》を発揮《はっき》して来《こ》られたのも、二人《ふたり》のおかげだと思《おも》っています」

浜名《はまな》さんと国分《こくぶん》さんはうつむいたままです。山口《やまぐち》さんが続《つづ》けました。

「がんばってきた二人《ふたり》には非常《ひじょう》に申《もう》し訳《わけ》ないんですが、ハンドラーの仕事《しごと》は、民間《みんかん》に任《まか》せることになりました。二人《ふたり》には、しばらくの間《あいだ》、民間《みんかん》のハンドラーの指導《しどう》、サポートなどをしてもらいます。交代《こうたい》するのはつらいでしょうが、どうか事情《じじょう》を理《り》解《かい》してください。検疫探知犬《けんえきたんちけん》を増《ふ》やして検疫業務《けんえきぎょうむ》を広《ひろ》げていくためにも、民間《みんかん》に任《まか》せるべきだということになったんです」

国《くに》の政策《せいさく》とは言《い》え、山口《やまぐち》さんも浜名《はまな》さんと国分《こくぶん》さんと同《おな》じように、この交代《こうたい》が残《ざん》念《ねん》で仕方《しかた》がありませんでした。二人《ふたり》の気持《きも》ちを察《さっ》すると、どう言葉《ことば》をかけていいのか、頭《あたま》をかかえていたのです。

浜名《はまな》さんも国分《こくぶん》さんも、自分《じぶん》たちを慕《した》ってくれているクレオとキャンディーが、ふびんでなりません。

（われわれは、国《くに》の仕事《しごと》をする公務員《こうむいん》。仕事《しごと》の異動《いどう》は仕方《しかた》がないことで、あきらめざるを得《え》ない。でも、クレオとキャンディーは……）

オーストラリアでの訓練《くんれん》から、ずっとつきあってきたパートナーのクレオとキャンディー。仕事《しごと》を通《とお》して、また毎日《まいにち》の世話《せわ》を通《とお》して、かけがえのない存在《そんざい》となっていただけに、突然《とつぜん》の交代《こうたい》は、やりきれない思《おも》いでいっぱいでした。

けれども、いつまでもくよくよしてはいられません。ハンドラーの落《お》ち込《こ》んだ気《き》持《も》ちがクレオとキャンディーに伝《つた》わると、いい仕事《しごと》ができなくなってしまいます。

クレオとキャンディーのことを思《おも》うなら、新《あたら》しいハンドラーにどのように慣《な》れさせるのか、訓練《くんれん》をどのように進《すす》めていくのか、いろいろ準備《じゅんび》しなければなりません。

「クレオとキャンディーのためにも、早《はや》く気《き》持《も》ちを切《き》り替《か》えて、民間《みんかん》ハンドラーにバトンタッチしなくては。今《いま》は、それだけを考《かんが》えることにしよう」

「民間《みんかん》のハンドラーに任《まか》せると言《い》っても、われわれがその指導《しどう》やサポートをしていくんだ。クレオとキャンディーがさびしい思《おも》いをしないよう、ちゃんと見守《みまも》っていかなくては。ようし、こうしてはいられない……」

浜名《はまな》さんと国分《こくぶん》さんは、クレオとキャンディーの顔《かお》を見《み》るたび、つらくなってしまいますが、この交代《こうたい》を前向《まえむ》きにとらえようと思《おも》い直《なお》すしかありませんでした。


ハンドラーの交代《こうたい》については、動物検疫《どうぶつけんえき》の仕事《しごと》に携《たずさ》わる係官《かかりかん》のだれもが驚《おどろ》きました。いずれ、民間《みんかん》に移《うつ》されるとは聞《き》いていたものの、まさか、こんなに早《はや》いとは、思《おも》いもよりませんでした

けれども、民間《みんかん》ハンドラーを指導監督《しどうかんとく》する仕事《しごと》は、浜名《はまな》さんと国分《こくぶん》さんが続《つづ》けます。また、動物検疫《どうぶつけんえき》カウンターでの手続《てつづ》きなども、動物検疫所《どうぶつけんえきしょ》の係官《かかりかん》が担当《たんとう》します。

これまで通《どお》り、クレオとキャンディーの仕事《しごと》を近《ちか》くで見守《みまも》っていくことに変《か》わりはありません。

「ハンドラーを民間《みんかん》に任《まか》せるということは、将来《しょうらい》、検疫探知犬《けんえきたんちけん》の訓練《くんれん》や育成《いくせい》も、民《みん》間《かん》の会社《かいしゃ》に任《まか》せるということなんでしょうか」

「犬《いぬ》の訓練《くんれん》や育成《いくせい》には時間《じかん》がかかるし、トレーナーやハンドラーの人数《にんずう》だって、そろえなければならない。やはり、民間《みんかん》の会社《かいしゃ》に任《まか》せたほうがいいということなんでしょうか」

係官《かかりかん》たちは、ハンドラーの交代《こうたい》を残念《ざんねん》に思《おも》いながら、今後《こんご》の検疫探知犬《けんえきたんちけん》の仕事《しごと》について、不安《ふあん》を感《かん》じないわけにはいきませんでした。

動物検疫所《どうぶつけんえきしょ》を取《と》りしきる農林水産省《のうりんすいさんしょう》では、検疫探知犬《けんえきたんちけん》を増《ふ》やすことになったとしても、それに携《たずさ》わる職員《しょくいん》をすぐに増《ふ》やせるわけではありません。国《くに》の役所《やくしょ》で働《はたら》く職《しょく》員《いん》を国家公務員《こっかこうむいん》として採用《さいよう》するには、さまざまな手続《てつづ》きを踏《ふ》まなくてはならず、かなりの時間《じかん》がかかります。
将来《しょうらい》、検疫探知犬《けんえきたんちけん》を他《ほか》の空港《くうこう》にも入《い》れ、検疫業務《けんえきぎょうむ》を広《ひろ》げていくためには、民間《みんかん》の動物訓練機関《どうぶつくんれんきかん》のノウハウも生《い》かし、専門機関《せんもんきかん》に任《まか》せるのも、一《ひと》つの手段《しゅだん》と言《い》えましょう。

ところで、前《まえ》にも述《の》べたように、人《ひと》の病気《びょうき》の検疫《けんえき》は厚生労働省《こうせいろうどうしょう》の担当《たんとう》ですが、海外《かいがい》からの持《も》ち込《こ》みを取《と》り締《し》まる役所《やくしょ》はそれぞれ違《ちが》います。たとえば、動物検疫《どうぶつけんえき》と植物防疫《しょくぶつぼうえき》は農林水産省《のうりんすいさんしょう》が担当《たんとう》しています。外来《がいらい》の野生生物《やせいせいぶつ》の違法持《いほうも》ち込《こ》みに関《かん》するもののうち、ワシントン条約《じょうやく》（絶滅《ぜつめつ》の危険《きけん》がある野生《やせい》の動植物《どうしょくぶつ》を輸出入《ゆしゅつにゅう》するときの規則《きそく》）に定《さだ》められている動植物《どうしょくぶつ》や毛皮《けがわ》、象牙製品《ぞうげせいひん》、はく製《せい》などについては経済産業省《けいざいさんぎょうしょう》が担当《たんとう》し、種《しゅ》の保存《ほぞん》にまつわるものについては環境省《かんきょうしょう》が担当《たんとう》しています。一方《いっぽう》、税関《ぜいかん》で働《はたら》く麻薬探知犬《まやくたんちけん》の担当《たんとう》は、財務省《ざいむしょう》になっています。

オーストラリアの検疫探知犬《けんえきたんちけん》は、肉製品《にくせいひん》から果物《くだもの》や植物《しょくぶつ》、カメ、ヘビ、ハチなどの生《い》き物《もの》のにおいまで、三十《さんじゅう》を超《こ》すにおいが探知《たんち》できるように訓練《くんれん》されています。検疫探知犬《けんえきたんちけん》が肉製品《にくせいひん》だけではなく、野生動物《やせいどうぶつ》の密輸入《みつゆにゅう》などを監視《かんし》する力《ちから》もあり、訓《くん》練次第《れんしだい》では、その能力《のうりょく》をさらに引《ひ》き出《だ》すことができるのは、実証済《じっしょうず》みと言《い》えるのです。

オースティンさんは、このような検疫探知犬《けんえきたんちけん》だけではなく、爆発物探知犬《ばくはつぶつたんちけん》、トリュフ（キャビア、フォアグラと並《なら》ぶ世界三大珍味《せかいさんだいちんみ》の一《ひと》つで、地中《ちちゅう》に育《そだ》つ食用《しょくよう》キノコ）を見《み》つけ出《だ》すトリュフ探知犬《たんちけん》、行方不明者《ゆくえふめいしゃ》を探《さが》す災害救助犬《さいがいきゅうじょけん》など、においを探知《たんち》する犬《いぬ》をいろいろと訓練《くんれん》しています。

オーストラリアでは、クレオとキャンディーが訓練《くんれん》を受《う》けた訓練所《くんれんじょ》がそうであるように、犬《いぬ》の訓練《くんれん》や育成《いくせい》は民間《みんかん》の施設《しせつ》に任《まか》せられています。しかしながら、ハンドラーの役目《やくめ》を担《にな》っているのは、訓練《くんれん》を受《う》けた国家公務員《こっかこうむいん》である検疫官《けんえきかん》なのです。

オースティンさんを囲《かこ》む、成田《なりた》国際空港《こくさいくうこう》の動物検疫所《どうぶつけんえきしょ》スタッフ。

　今後《こんご》、日本《にほん》で、検疫探知犬《けんえきたんちけん》とハンドラーの数《かず》を増《ふ》やし、検査《けんさ》する規制品《きせいひん》の対象《たいしょう》を広《ひろ》げていくなど、活動《かつどう》の舞台《ぶたい》を大《おお》きくするためには、検疫探知犬《けんえきたんちけん》の訓練《くんれん》と育成《いくせい》について、また、検疫体制《けんえきたいせい》などについても、新《あたら》しい取《と》り組《く》みが必要《ひつよう》となっていくに違《ちが》いありません。

　国《くに》と民間《みんかん》がいっしょに仕事《しごと》をしていけるような環境《かんきょう》が整《ととの》っていくのは、すばらしいことだと思《おも》います。

断《た》ちがたい絆《きずな》

三月二日《さんがつふつか》。

浜名《はまな》さんと国分《こくぶん》さんがハンドラーとして仕事《しごと》をするのも、最後《さいご》となりました。

今後《こんご》、新《あたら》しいハンドラーの指導監督《しどうかんとく》をしていくことになった浜名《はまな》さんと国分《こくぶん》さんにとって、クレオとキャンディーのリードを引《ひ》くことがまったくないわけではありません。けれども、新《あたら》しいハンドラーにバトンタッチする前《まえ》の仕事《しごと》という意味《いみ》では、この日《ひ》が最後《さいご》の出動《しゅつどう》となります。

クレオとキャンディーが、いつもの部屋《へや》で、水色《みずいろ》のベストを着《き》せてもらうのを、今《いま》か今《いま》かと待《ま》っています。

「クレオ、ありがとうよ。毎日《まいにち》、楽《たの》しく仕事《しごと》ができたのも、クレオのおかげだ……。」

浜名《はまな》さんはクレオの体《からだ》をだき、静《しず》かに語《かた》りかけました。

「クレオに聞《き》いておきたいことがあったんだ……。犬《いぬ》にとって最高《さいこう》の環境《かんきょう》のオーストラリアから連《つ》れてきてしまったこと、ずっと気《き》になっていたんだ。それも、クレオとキャンディーは、われわれ二人《ふたり》しか頼《たよ》ることができなかった。人間《にんげん》の都合《つごう》でそうしてしまったことに、責任《せきにん》を感《かん》じていたんだ。日本《にほん》に来《き》たこと、ここで仕事《しごと》をしてきたこと、クレオはどう思《おも》っているのかな。楽《たの》しかったかい？　幸《しあわ》せだったかい？

……」

クレオの目《め》が浜名《はまな》さんをまっすぐに見《み》つめています。「どうしたの？　何《なに》が悲《かな》しいの？」とでも言《い》いたげに、クレオは首《くび》をかしげました。

そのあたたかいまなざしに、浜名《はまな》さんは涙《なみだ》をこらえることができません。

隣《となり》で、国分《こくぶん》さんも、キャンディーの首《くび》に手《て》を回《まわ》しています。

「オーストラリアで初《はじ》めて会《あ》ったときからだと、一年半《いちねんはん》になるんだね。キャンディーといっしょに仕事《しごと》ができたことは、一生《いっしょう》の宝物《たからもの》だよ」

国分《こくぶん》さんの目《め》にうつるキャンディーの顔《かお》も、涙《なみだ》のせいかぼやけています。

「ク〜ン、ク〜ン」

「クゥ〜ン、クゥ〜ン」

クレオもキャンディーも、浜名《はまな》さんと国分《こくぶん》さんのつらい気持《きも》ちを感《かん》じ取《と》ったようです。大《おお》きなうるんだ目《め》で二人《ふたり》を見《み》つめ、悲《かな》しそうに何度《なんど》も鼻《はな》を鳴《な》らしました。

周《まわ》りを囲《かこ》んだスタッフも、そんな浜名《はまな》さんとクレオ、国分《こくぶん》さんとキャンディーの姿《すがた》を見《み》て、胸《むね》の奥《おく》が熱《あつ》くなりました。

「浜名《はまな》さんも国分《こくぶん》さんも、日本初《にほんはつ》の検疫探知犬《けんえきたんちけん》ハンドラーとしての役目《やくめ》を、十分《じゅうぶん》に果《は》たしましたよ。本当《ほんとう》にお疲《つか》れさまでした。クレオとキャンディーにとって、ハンドラーが代《か》わるというのは、不安《ふあん》なことかもしれませんが、みんながついています。

心配《しんぱい》しないでください」

検疫探知犬《けんえきたんちけん》の仕事《しごと》をサポートしてきた係官《かかりかん》が、ねぎらいの言葉《ことば》をかけました。

「ハンドラーは交代《こうたい》ですが、クレオもキャンディーも、今《いま》まで通《どお》り、この成田《なりた》で働《はたら》いてくれるんですからね。われわれも負《ま》けないようにがんばらないと……」

「民間《みんかん》ハンドラーの訓練《くんれん》には、オーストラリアから、また、オースティンさんが指《し》導《どう》に来《き》てくれるそうですね。これ以上《いじょう》、心強《こころづよ》いことはありませんよ。新《あたら》しいハンドラーを支《ささ》えて、しっかりやっていきましょう」

「クレオとキャンディーに続《つづ》く検疫探知犬《けんえきたんちけん》が、一日《いちにち》も早《はや》く出《で》てくるといいですね。かわいいビーグルの姿《すがた》が、他《ほか》の空港《くうこう》でも見《み》られたら、これ以上《いじょう》、うれしいことはないですよ」

いっしょに検疫《けんえき》の仕事《しごと》に携《たずさ》わり、クレオとキャンディーの活躍《かつやく》ぶりを目《ま》の当《あ》たりにしてきたスタッフが、口々《くちぐち》に言《い》いました。

それから一週間後《いっしゅうかんご》。

オーストラリアのシドニーから、検疫探知犬《けんえきたんちけん》のトレーナーのオースティンさんがやって来《き》ました。ハンドラーの突然《とつぜん》の交代《こうたい》について驚《おどろ》いたのは、オースティンさんも同《おな》じです。

「会社《かいしゃ》や役所《やくしょ》で、仕事《しごと》の交代《こうたい》や人事《じんじ》の異動《いどう》があることはわかっているつもりです。でも、非常《ひじょう》に残念《ざんねん》でなりません……」

浜名《はまな》さんと国分《こくぶん》さんに話《はな》しかけるオースティンさんの顔《かお》は、いつものおだやかな表情《ひょうじょう》とは違《ちが》います。

「せっかくご指導《しどう》いただいたのに、申《もう》し訳《わけ》ありません。クレオもキャンディーも、よくなついてくれ、仕事《しごと》も順調《じゅんちょう》にやって来《こ》られたんですが……」

「二人《ふたり》の気持《きも》ちは十分《じゅうぶん》わかっていますよ。一番傷《いちばんきず》ついているのは、君《きみ》たちかもしれませんね」

「いいえ、われわれのことはまだしも……。ただ、クレオとキャンディーのことが心配《しんぱい》で……」

「そうですね。相手《あいて》は動物《どうぶつ》なのですから、この交代《こうたい》は、仕方《しかた》がないことだと言《い》って済《す》ませられることではないかもしれません。君《きみ》たちとの間《あいだ》には、断《た》ちがたい絆《きずな》が生《う》まれていたはずですからね。でも、時間《じかん》があまりありません。決《き》められた時間《じかん》の中《なか》での訓練《くんれん》は大変《たいへん》ですが、新《あたら》しいハンドラーにうまく引《ひ》き継《つ》げるよう、できる限《かぎ》りのことをしていきましょう」

犬《いぬ》のことを何《なん》でも知《し》りつくし、犬《いぬ》のよき理解者《りかいしゃ》でもあるオースティンさんには、クレオとキャンディーの代《か》わりに、言《い》いたいことは山《やま》ほどあったはずです。けれども、何度《なんど》も頭《あたま》を下《さ》げる浜名《はまな》さんと国分《こくぶん》さんに、その場《ば》では言《い》えませんでした。また、二人《ふたり》に対《たい》して言《い》っても仕方《しかた》のないことだとわきまえていました。

翌日《よくじつ》、クレオとキャンディーは、オースティンさんの姿《すがた》を見《み》つけると、一瞬《いっしゅん》、驚《おどろ》いた表情《ひょうじょう》に変《か》わりました。オースティンさんと会《あ》うのは、ほぼ一年《いちねん》ぶりでしたが、しっかり覚《おぼ》えていたのです。

けれども、訓練中《くんれんちゅう》でリードをつけられていたクレオとキャンディーは、オースティンさんに近《ちか》づいたり、はしゃいだりすることは許《ゆる》されません。検疫探知犬《けんえきたんちけん》や麻薬探《まやくたん》知犬《ちけん》はじめ警察犬《けいさつけん》、盲導犬《もうどうけん》などの働《はたら》く犬《いぬ》たちは、訓練《くんれん》をしたり仕事《しごと》をしたりしているときは、ハンドラーに服従《ふくじゅう》し集中《しゅうちゅう》するように教《おし》え込《こ》まれているのです。

とは言《い》うものの、クレオにとって、オースティンさんは特別《とくべつ》な存在《そんざい》のようです。訓練《くんれん》に集中《しゅうちゅう》しようとするものの、オースティンさんのほうが気《き》になり、そわそわして落《お》ち着《つ》きません。

「いつもはクールなクレオが……」

浜名《はまな》さんには、クレオの気持《きも》ちが手《て》に取《と》るようにわかりました。クレオは、思《おも》いっきりしっぽを振《ふ》り、オースティンさんに飛《と》びついて行《い》きたいのです。声《こえ》をかけてもらい、なでてもらいたいと思《おも》っているのです。

そんな感情《かんじょう》をおさえ、訓練《くんれん》に集中《しゅうちゅう》しようとするクレオとキャンディーのひたむきさ、健気《けなげ》な気持《きも》ちに、浜名《はまな》さんも国分《こくぶん》さんも心《こころ》を動《うご》かされずにはいられませんでした。

仕事場《しごとば》にいるときは、クレオとキャンディーにとって、どんなことがあっても、ハンドラーが絶対《ぜったい》の存在《そんざい》。そんな大事《だいじ》な役目《やくめ》を担《にな》って来《き》た一年半《いちねんはん》は、浜名《はまな》さんと国《こく》分《ぶん》さんにとって、決《けっ》して忘《わす》れることのできない貴重《きちょう》な時間《じかん》だったのです。

新《あたら》しい出発《しゅっぱつ》

オースティンさんは十日間《とおかかん》にわたって、民間《みんかん》ハンドラーの集中訓練《しゅうちゅうくんれん》を行《おこ》ないました。新《あたら》しく選《えら》ばれたハンドラーは、後藤啓寿《ごとうけいじゅ》さんと藤原綾子《ふじわらあやこ》さんで、全日本動物専門教育協会《ぜんにほんどうぶつせんもんきょういくきょうかい》から派遣《はけん》されています。また、訓練《くんれん》には、ハンドラーの補助《ほじょ》として安達《あだち》三奈子《みなこ》さんも参加《さんか》しています。

後藤《ごとう》さんはキャンディー、藤原《ふじわら》さんはクレオのハンドラーを務《つと》め、安達《あだち》さんは、二人《ふたり》のハンドラーが休《やす》みの日《ひ》にクレオとキャンディーの世話《せわ》をするなど、補助《ほじょ》的《てき》な仕事《しごと》をしますが、今後《こんご》のために、ハンドラーとしての練習《れんしゅう》も合《あ》わせて行《おこ》ないました。

犬舎前《けんしゃまえ》でくつろぐクレオ。

三人《さんにん》とも動物専門学校《どうぶつせんもんがっこう》で家庭犬《かていけん》の訓練《くんれん》について学《まな》び、後藤《ごとう》さんは、すでに警察《けいさつ》犬《けん》や家庭犬《かていけん》の訓練士《くんれんし》として働《はたら》き、自分《じぶん》で犬《いぬ》のしつけ教室《きょうしつ》も開《ひら》いていました。

「これまでの服従訓練《ふくじゅうくんれん》や警察犬《けいさつけん》の訓練《くんれん》などと似《に》たようなものだろうと思《おも》っていたが、考《かんが》えが甘《あま》かった……」

「今《いま》までに教《おそ》わった犬《いぬ》の訓練《くんれん》は、犬《いぬ》に教《おし》え込《こ》むという感《かん》じだったけれど、オースティンさんの訓練《くんれん》は、犬《いぬ》に考《かんが》えさせ、自《みずか》ら学習《がくしゅう》させるという形《かたち》。犬《いぬ》の扱《あつか》いがずいぶん違《ちが》う」

「さすがに、オースティンさんは使役犬《しえきけん》のトレーナーの第一人者《だいいちにんしゃ》。犬《いぬ》のことを、本当《ほんとう》によく考《かんが》えている。まだまだ経験《けいけん》も足《た》りないわたしたちは、クレオとキャンディーに教《おし》えてもらいながら、やっていくしかないわ」

三人《さんにん》はそれぞれ、検疫探知犬《けんえきたんちけん》のハンドラーとしての難《むずか》しさを感《かん》じていました。また、浜名《はまな》さんと国分《こくぶん》さんから、日本初《にほんはつ》の検疫探知犬《けんえきたんちけん》のハンドラーを引《ひ》き継《つ》いだことを思《おも》うと、その仕事《しごと》の重《おも》みをひしひしと感《かん》じました。

「大事《だいじ》なことは、クレオとキャンディーの表情《ひょうじょう》や動作《どうさ》を観察《かんさつ》して、何《なに》を伝《つた》えようとしているのかを、しっかり受《う》け止《と》めることですよ」

オースティンさんが、不安《ふあん》そうにリードを持《も》つ後藤《ごとう》さんと藤原《ふじわら》さんを励《はげ》ましています。

浜名《はまな》さんと国分《こくぶん》さんが、心配《しんぱい》そうに訓練《くんれん》を見守《みまも》っていると、オースティンさんが隣《となり》に来《き》て言《い》いました。

「新《あたら》しいハンドラーの三人《さんにん》には、まだまだ教《おし》えたいことがたくさんありますが、君《きみ》たちに託《たく》して行《い》きます。クレオとキャンディーは、検疫探知犬《けんえきたんちけん》として超一流《ちょういちりゅう》。わたしが今《いま》まで育《そだ》てた検疫探知犬《けんえきたんちけん》の中《なか》でもトップクラスです。ここまで育《そだ》て上《あ》げた君《きみ》たちには、安心《あんしん》して任《まか》せられます。自信《じしん》を持《も》って、新《あたら》しいハンドラーを指導《しどう》していってください」

オースティンさんはにこやかに、浜名《はまな》さんと国分《こくぶん》さんの肩《かた》をたたきました。浜名《はまな》さんと国分《こくぶん》さんは、オースティンさんの励《はげ》ましの言葉《ことば》をうれしく思《おも》い、クレオとキャンディーについて、自分《じぶん》たちの知《し》っている限《かぎ》りのことを伝《つた》えていこうと、改《あらた》めて心《こころ》に誓《ちか》いました。

後藤《ごとう》さんと藤原《ふじわら》さんに対《たい》するクレオとキャンディーの態度《たいど》が、日《ひ》ごとに変《か》わって来《き》ました。しっぽを振《ふ》ったり甘《あま》えたりしてなつくようになり、訓練《くんれん》をする目《め》つきは真剣《しんけん》になりました。

「六月《ろくがつ》と八月《はちがつ》に、また来《き》ます。それまで浜名《はまな》さんと国分《こくぶん》さんに教《おし》えてもらいながら、実践《じっせん》を積《つ》んでください。犬《いぬ》の能力《のうりょく》が引《ひ》き出《だ》せるようになるには、まだ時間《じかん》がかかります。毎日《まいにち》の世話《せわ》や訓練《くんれん》を通《とお》して、心《こころ》を通《かよ》わせていくしかありません。クレオとキャンディーのパートナーとして、長《なが》くいっしょに仕事《しごと》をしていくんですから、あせることはないと思《おも》います。だいじょうぶですよ」

「どうもありがとうございました。早《はや》く一人前《いちにんまえ》のハンドラーになれるようがんばります」

「クレオとキャンディーと心《こころ》を一《ひと》つにし、いい信頼関係《しんらいかんけい》を作《つく》っていきたいと思《おも》います。これからもよろしくお願《ねが》いします」

オースティンさんは、三人《さんにん》と固《かた》い握手《あくしゅ》をして、オーストラリアにもどりました。

オーストラリアでは、検疫探知犬《けんえきたんちけん》は八年《はちねん》ほど働《はたら》くと、仕事《しごと》を引退《いんたい》します。その後《ご》は、ほとんどの場合《ばあい》は、ハンドラーに引《ひ》き取《と》られて余生《よせい》を過《す》ごします。ハンドラーにとって、長《なが》い間《あいだ》、厳《きび》しい仕事《しごと》を共《とも》にしてきた検疫探知犬《けんえきたんちけん》は、パートナーとしてかけがえのない存在《そんざい》。老後《ろうご》は家族《かぞく》として安《やす》らかな生活《せいかつ》をさせ、その命《いのち》を最後《さいご》まで見守《みまも》るのが、あたりまえになっているのです。

このように、人間《にんげん》と犬《いぬ》の絆《きずな》が尊重《そんちょう》されているオーストラリアでは、犬《いぬ》は家族《かぞく》の一《いち》員《いん》としてだけではなく、社会《しゃかい》の一員《いちいん》としても受《う》け入《い》れられています。また、動物《どうぶつ》の福祉《ふくし》や人《ひと》との共生《きょうせい》についても、いろいろ配慮《はいりょ》されています。

(新《あたら》しいハンドラーの三人《さんにん》には、できるだけ長《なが》くいっしょに仕事《しごと》をして、いい絆《きずな》を築《きず》いていってほしい……)

オースティンさんは、クレオとキャンディーのために、そして、初代《しょだい》のハンドラーとしての責任《せきにん》を果《は》たした浜名《はまな》さんと国分《こくぶん》さんのためにも、三人《さんにん》には精一杯《せいいっぱい》がんばってほしいと願《ねが》っていました。

五月《ごがつ》。

胸《むね》がすくような青空《あおぞら》が広《ひろ》がり、さわやかな風《かぜ》が吹《ふ》いています。

成田国際空港《なりたこくさいくうこう》の到着《とうちゃく》ターミナルに、クレオとキャンディーの元気《げんき》な姿《すがた》がありました。浜名《はまな》さんと国分《こくぶん》さんが見守《みまも》る中《なか》、新《あたら》しいハンドラーが税関《ぜいかん》フロアで実地訓練《じっちくんれん》を受《う》けています。

真剣《しんけん》なまなざしで、自慢《じまん》の鼻《はな》をクンクンさせるクレオ。たれた耳《みみ》をひらひらさせ、荷物《にもつ》の間《あいだ》をすりぬけて行《い》くキャンディー。新《あたら》しいハンドラーの藤原《ふじわら》さんと後藤《ごとう》さんに連《つ》れられて歩《ある》くクレオとキャンディーの姿《すがた》を、浜名《はまな》さんと国分《こくぶん》さんの目《め》が追《お》います。厳《きび》しいまなざしの奥《おく》に、優《やさ》しさが見《み》てとれます。

（さすが、クレオとキャンディーだ。生《い》き生《い》きと動《うご》いている）

（だんだん、藤原《ふじわら》さんと後藤《ごとう》さんと息《いき》が合《あ》ってきている。クレオとキャンディーは、

自分《じぶん》たちの使命《しめい》が、ちゃんとわかっているんだな）

その小《ちい》さな体《からだ》で日本《にほん》を守《まも》る砦《とりで》になってくれているクレオとキャンディーを、浜《はま》名《な》さんと国分《こくぶん》さんは、誇《ほこ》らしげに見《み》つめていました。

そして、日本初《にほんはつ》の検疫探知犬《けんえきたんちけん》として、いつまでも元気《げんき》に活躍《かつやく》していってくれることを、だれよりも願《ねが》っていました。

がんばれ、クレオ。

がんばれ、キャンディー。

（おわり）

おわりに

　オーストラリアの首都《しゅと》・キャンベラに住《す》んで約二十年《やくにじゅうねん》になりますが、最近《さいきん》は、仕事《しごと》で日本《にほん》とオーストラリアを行《い》き来《き》することが多《おお》くなっています。

　ここ数年《すうねん》、オーストラリアの国際空港《こくさいくうこう》で行《おこな》われる検疫検査《けんえきけんさ》は一段《いちだん》と厳《きび》しくなっていますが、日本《にほん》ではそれほどでもありません。そのせいか、野生動物《やせいどうぶつ》の密輸入《みつゆにゅう》や違法《いほう》な持《も》ち込《こ》みが多《おお》く、検疫《けんえき》に対《たい》する意識《いしき》が低《ひく》いように感《かん》じられます。

　鳥《とり》インフルエンザ、BSE《ビーエスイー》（牛海綿状脳症《うしかいめんじょうのうしょう》）、口蹄疫《こうていえき》、SARS《サーズ》（新型肺炎《しんがたはいえん》）などが世界的《せかいてき》に流行《りゅうこう》している今《いま》、航空機《こうくうき》の往来《おうらい》はますます盛《さか》んになり、病原体《びょうげんたい》が飛行機《ひこうき》に乗《の》って国境《こっきょう》を越《こ》える危険《きけん》があると言《い》っても言《い》い過《す》ぎではありません。それぞれの国《くに》が危機意識《ききいしき》を持《も》ち、検疫《けんえき》などの水際作戦《みずぎわさくせん》を強化《きょうか》すべきなのではないかと考《かんが》えていました。

ある日《ひ》、キャンベラの自宅《じたく》に、日本《にほん》から国際小包《こくさいこづつみ》が届《とど》きました。箱《はこ》の外側《そとがわ》に、「中身《なかみ》を検査済《けんさず》み」という英語《えいご》のステッカーがはられています。オーストラリア検疫検査局《けんえきけんさきょく》が箱《はこ》を開《あ》けて、規制品《きせいひん》が入《はい》っていないかどうか調《しら》べたという印《しるし》です。

「何《なに》か没収《ぼっしゅう》されちゃったかな……」

開《あ》けられた跡《あと》の残《のこ》るガムテープをはがすときは、いつものことながらビクビクしてしまいます。規制品《きせいひん》が見《み》つかって没収《ぼっしゅう》されたことが何度《なんど》もあるからです。

この小包《こづつみ》は、日本《にほん》に一時帰国《いちじきこく》したときに買《か》い物《もの》をし、オーストラリアに帰《かえ》る前《まえ》に、自分《じぶん》でキャンベラの自宅宛《じたくあて》に送《おく》ったものです。梅干《うめぼ》し、漬《つ》け物《もの》、お茶漬《ちゃづ》け、ふりかけ、せんべいなどの日本食《にほんしょく》を詰《つ》めていましたが、検疫検査局《けんえきけんさきょく》からの通知《つうち》は入《はい》っていないので、規制品《きせいひん》は特《とく》に見《み》つからなかったということになります。

これまで、日本《にほん》から届《とど》いた国際小包《こくさいこづつみ》や郵便《ゆうびん》から没収《ぼっしゅう》された物《もの》はいろいろあります。マヨネーズ、乾燥卵《かんそうたまご》の入《はい》ったカップめん、甘栗《あまぐり》のびん詰《づ》めが検疫《けんえき》にひっかかったことがありましたし、友人《ゆうじん》が送《おく》ってくれたアーモンドの詰《つ》め合《あ》わせや、卵《たまご》ボーロが没《ぼっ》収《しゅう》されたこともありました。

子《こ》どもが小《ちい》さかったときのことです。日本《にほん》からの小包《こづつみ》に、検疫検査局《けんえきけんさきょく》からの通知《つうち》が入《はい》っていました。

「豆製品《まめせいひん》を没収《ぼっしゅう》しましたという通知《つうち》があるのだけれど、何《なに》か入《い》れたっけ？」

私《わたし》が自分《じぶん》で詰《つ》めて送《おく》った小包《こづつみ》ですが、豆製品《まめせいひん》を入《い》れた覚《おぼ》えはありません。オーストラリアに植物《しょくぶつ》や種《たね》、豆製品《まめせいひん》を持《も》ち込《こ》んだり送《おく》ったりできないことを知《し》っていたので、小包《こづつみ》に入《い》れるはずがありません。

子《こ》どもといっしょに、本《ほん》やおもちゃ、日本食《にほんしょく》などを一《ひと》つ一《ひと》つ取《と》り出《だ》しながら、何《なに》がなくなっているか思《おも》い出《だ》そうとしました。

「ねえ、お母《かあ》さん。ふくろうのぬいぐるみはどこ?」

箱《はこ》をひっくり返《かえ》して探《さが》したものの、見当《みあ》たりません。

「確《たし》かに入《い》れたはずなのだけれど、おかしいわね。まさか、あの、ふくろうの中身《なかみ》が……」

ようやく、謎《なぞ》が解《と》けました。昔《むかし》は、お手玉《てだま》の中《なか》に、よく小豆《あずき》などが入《い》れられたものですが、それと同《おな》じように、近所《きんじょ》の人《ひと》がおみやげにくれた手作《てづく》りのふくろうのぬいぐるみの中《なか》に、豆《まめ》が詰《つ》められていたのです。オーストラリアの検疫《けんえき》の厳《きび》しさは知《し》っていたつもりでしたが、規制品《きせいひん》を見逃《みのが》しはしないという検疫検査局《けんえきけんさきょく》の徹底《てってい》ぶりには、改《あらた》めて驚《おどろ》いてしまいました。

二〇〇五年十二月《ねんじゅうにがつ》、検疫探知犬《けんえきたんちけん》のクレオとキャンディーが、日本《にほん》で初《はじ》めて成田国《なりたこく》際空港《さいくうこう》に登場《とうじょう》したことを、ネットのニュースで知《し》りました。この二匹《にひき》のビーグル犬《けん》が、シドニーで訓練《くんれん》されたこと、肉製品《にくせいひん》を次々《つぎつぎ》に発見《はっけん》していること、さらに、動物《どうぶつ》検疫制度《けんえきせいど》のアピールに大《おお》きな役割《やくわり》を果《は》たすと期待《きたい》されていることなどが紹介《しょうかい》されていました。

小《ちい》さな体《からだ》に大《おお》きな責任《せきにん》を担《にな》ったクレオとキャンディーの姿《すがた》は、愛《あい》らしくも健気《けなげ》で、オーストラリア生《う》まれの二匹《にひき》の写真《しゃしん》に向《む》かって、思《おも》わず「がんばって!」と声援《せいえん》を送《おく》っていました。

そして、クレオとキャンディーの仕事《しごと》ぶりを本《ほん》にまとめることで、動物検疫制度《どうぶつけんえきせいど》を広《ひろ》く紹介《しょうかい》し、検疫問題《けんえきもんだい》がごく身近《みぢか》な生活《せいかつ》に関《かか》わっていることを、たくさんの人《ひと》たちに知《し》ってもらえないかと考《かんが》えました。

クレオとキャンディーが検疫探知犬《けんえきたんちけん》になるまでの訓練《くんれん》、成田国際空港《なりたこくさいくうこう》での活躍《かつやく》ぶり、ハンドラーとのふれあいを中心《ちゅうしん》に、世界《せかい》でもっとも厳《きび》しいとされるオーストラリアの検疫事情《けんえきじじょう》なども合《あ》わせて紹介《しょうかい》できればと思《おも》いました。

この本《ほん》が、そもそも「検疫《けんえき》」とは何《なに》かということを知《し》ってもらう糸口《いとぐち》になり、普《ふ》段《だん》あまり考《かんが》えることのない検疫事情《けんえきじじょう》について目《め》を向《む》けてもらうきっかけになればと思《おも》っています。さらに、子《こ》どもたちに、「検疫《けんえき》に対《たい》する意識《いしき》を高《たか》めるにはどうしたらいいか」「自分《じぶん》たちにできることは何《なん》なのか」などについて考《かんが》えてほしいと願《ねが》っています。

この本《ほん》の執筆《しっぴつ》にあたっては、たくさんの方々《かたがた》のご協力《きょうりょく》をいただきました。農林水産省動物検疫所《のうりんすいさんしょうどうぶつけんえきしょ》・成田支所検疫第二課《なりたししょけんえきだいにか》のみなさまには、大変《たいへん》お世話《せわ》になりました。特《とく》に、快《こころよ》く取材《しゅざい》に応《おう》じてくださったクレオとキャンディーのハンドラーの浜名仁《はまなひとし》さん、国分英行《こくぶんひでゆき》さん、どうもありがとうございました。検疫第二課《けんえきだいにか》・課長《かちょう》の永長浩樹《ながおさひろき》さんには、取材《しゅざい》の調整《ちょうせい》をしていただき、空港内《くうこうない》と犬《けん》舎《しゃ》などをご案内《あんない》いただきました。調整指導官《ちょうせいしどうかん》の山口賢郎《やまぐちけんろう》さんには、ハンドラーの交《こう》代《たい》や検疫体制《けんえきたいせい》などについてご教示《きょうじ》いただきました。お忙《いそが》しい中《なか》、いろいろとご配慮《はいりょ》いただき、心《こころ》より感謝《かんしゃ》しています。

犬《いぬ》のトレーナーとして精力的《せいりょくてき》に仕事《しごと》をしておられるスティーブ・オースティンさん、そして、「ハンロブ・ペットケアセンター」と「インターナショナル・ドッグ・アカデミー」のスタッフのみなさまには、取材《しゅざい》を通《とお》していろいろとお世話《せわ》になりました。

また、シドニー在住《ざいじゅう》のハイランド真理子《まりこ》さんには、多大《ただい》なご協力《きょうりょく》をいただきました。ハイランドさんは、馬《うま》や犬関連《いぬかんれん》のビジネスで活躍《かつやく》しておられ、検疫探知犬《けんえきたんちけん》の日《に》本《ほん》への導入《どうにゅう》にも関《かか》わって来《こ》られた方《かた》です。トレーナーのオースティンさんのビジネスパートナーとして、成田国際空港《なりたこくさいくうこう》での訓練《くんれん》にも毎回同行《まいかいどうこう》しておられます。検疫探《けんえきたん》知犬《ちけん》の訓練《くんれん》や、ハンドラーの研修《けんしゅう》のようすなどについても、いろいろと教《おし》えていただきました。また、貴重《きちょう》な写真《しゃしん》を快《こころよ》くご提供《ていきょう》いただきましたことに、この場《ば》を借《か》りて、厚《あつ》くお礼《れい》を申《もう》し上《あ》げたいと思《おも》います。

最後《さいご》に、クレオとキャンディーの仕事《しごと》ぶりや実績《じっせき》が認《みと》められ、二匹《にひき》に続《つづ》く検疫探知犬《けんえきたんちけん》が、成田国際空港《なりたこくさいくうこう》以外《いがい》の国際空港《こくさいくうこう》にも、一日《いちにち》も早《はや》く導入《どうにゅう》されることを楽《たの》しみにしています。

軽《かろ》やかな足取《あしど》りのビーグル犬《けん》の姿《すがた》が、日本各地《にほんかくち》の税関《ぜいかん》フロアで見《み》られることを、クレオとキャンディーのふるさと、オーストラリアの南十字星《みなみじゅうじせい》の下《もと》で祈《いの》っています。

二〇〇七年五月《ねんごがつ》　キャンベラにて　池田《いけだ》まき子《こ》

農林水産省・動物検疫所について

動物検疫所は、外国から輸入される動物や畜産物などから、動物の病気あるいは動物から人に感染する病気が日本国内に侵入することを防ぐために、輸出入時の検査を行っているところです。

検疫探知犬について

平成 17 年 12 月から、動物検疫所の強い味方として、検疫探知犬のビーグル犬が仲間入りしました。この検疫探知犬は持ち前のよく利く鼻をつかって、荷物の中に肉製品が入っていないかを調べます。みなさまのご理解、ご協力をお願いします。

お問い合わせ先

横浜本所―――― TEL 045-751-5921
成田支所――――
（検疫第一課：第１ターミナルビル） TEL 0476-32-6664
（検疫第二課：第２ターミナルビル） TEL 0476-34-2342
中部空港支所―――― TEL 0569-38-8577
関西空港支所―――― TEL 072-455-1956
神戸支所―――― TEL 078-222-8990
門司支所―――― TEL 093-321-1116
沖縄支所―――― TEL 098-861-4370

動物検疫所ホームページ

http://www.maff-aqs.go.jp

●作者紹介　**池田 まき子**（いけだ　まきこ）

1958年秋田県生まれ。雑誌の編集者を経て、1988年留学のためオーストラリアへ渡って以来、首都キャンベラ市に在住。フリーライター。

著書に「いのちの鼓動が聞こえる」「出動！災害救助犬トマト」「3日の命を救われた犬ウルフ」「車いすの犬チャンプ」（以上ハート出版）、「生きるんだ！ラッキー・山火事で生きのこったコアラの物語」（学習研究社）、「アボリジニのむかしばなし」（新読書社）、「花火師の仕事」（無明舎出版）、訳書に「すすにまみれた思い出・家族の絆をもとめて」（金の星社／産経児童出版文化賞受賞）などがある。

＜表紙、本文写真＞
今井雅文
株式会社ナイスマックス

＜写真提供＞
ハイランド真理子さん
農林水産省動物検疫所

空港《くうこう》で働《はたら》く名《めい》コンビ
検疫探知犬《けんえきたんちけん》クレオとキャンディー

平成19年7月31日　第1刷発行

ISBN 978-4-89295-572-3 C8093
発行者　日高　裕明
発行所　ハート出版

〒171-0014
東京都豊島区池袋 3-9-23
TEL・03-3590-6077　FAX・03-3590-6078
ハート出版ホームページ http://www.810.co.jp/

印刷　大日本印刷

★乱丁、落丁はお取りかえします。その他お気づきの点がございましたら、お知らせください。
編集担当／西山